Hossein Mohammadhosseini
A.S.M. Abdul Awal

Resíduos de betão reforçado com fibras de alcatifa

Hossein Mohammadhosseini
A.S.M. Abdul Awal

Resíduos de betão reforçado com fibras de alcatifa

ScienciaScripts

Imprint

Cover image: www.ingimage.com

This book is a translation from the original published under ISBN 978-3-659-85489-7.

Publisher:
Sciencia Scripts
is a trademark of
Dodo Books Indian Ocean Ltd. and OmniScriptum S.R.L publishing group

120 High Road, East Finchley, London, N2 9ED, United Kingdom
Str. Armeneasca 28/1, office 1, Chisinau MD-2012, Republic of Moldova, Europe
Managing Directors: Ieva Konstantinova, Victoria Ursu
info@omniscriptum.com

Printed at: see last page
ISBN: 978-620-8-56632-6

Prefácio

Grandes quantidades de resíduos são geradas pelas indústrias, pelos processos de fabrico e pelos resíduos sólidos urbanos, etc. Por conseguinte, a gestão dos resíduos sólidos tornou-se uma das principais preocupações ambientais em todo o mundo.

Nos últimos anos, tem-se verificado uma importância crescente na utilização de resíduos como materiais de construção. A utilização dos resíduos é uma solução parcial para os problemas ambientais e ecológicos. A utilização destes materiais não só ajuda a utilizá-los no betão e noutros materiais de construção, como também ajuda a reduzir o custo da construção, mas também tem muitas vantagens, como a redução do custo dos aterros, a poupança de energia e a proteção do ambiente contra os efeitos concebíveis da poluição. Além disso, o seu consumo pode melhorar a microestrutura, as propriedades mecânicas e físicas e a durabilidade do betão reforçado com fibras.

Os resíduos de alcatifa gerados todos os anos e acumulados em aterros representam uma abundância de recursos úteis, uma vez que estes resíduos podem ser utilizados noutras indústrias, como a da construção, como materiais fibrosos. A quantidade de resíduos de alcatifa, incluindo os resíduos de produção e os resíduos de alcatifa pós-consumo, está estimada em mais de 2000000 toneladas/ano. Devido a esta grande quantidade de resíduos, tornou-se um grande problema no caso da gestão de aterros e eliminação.

No entanto, é possível desenvolver um trabalho de investigação sobre a utilização de resíduos de fibras de alcatifa no betão reforçado com fibras e encontrar uma solução para a utilização destas fibras em vez da deposição em aterro e dos problemas ambientais. Para analisar este aspeto, foi realizada esta investigação. Neste estudo, foram utilizados resíduos de produção diretamente provenientes da indústria.

Este livro é um pequeno passo em frente na investigação relacionada com a utilização de fibras de alcatifa de resíduos industriais no betão.

Hossein Mohammadhosseini

A.S.M. Abdul Awal

Johor Bahru, Malásia

ÍNDICE DE CONTEÚDOS

LISTA DE SÍMBOLOS

V	-	Ultrasonic pulse velocity
s	-	Distance between center of transducer faces (travelled by ultrasonic pulse)
t	-	Transit time of ultrasonic pulse
T	-	Splitting tensile strength
P	-	Maximum load applied
l	-	Length of cylindrical specimen
D	-	Diameter of specimen
L	-	Prism span length
b	-	Average width of specimen
d	-	Average depth of specimen
S_h	-	Long term shrinkage
t	-	Time (days)
E_c	-	Modulus of elasticity
f_{cu}	-	Characteristics strength of concrete

CAPÍTULO 1

INTRODUÇÃO

1.1 Antecedentes

O betão é um material de construção utilizado em grande quantidade em todo o mundo. Tem baixa resistência à tração, baixa ductilidade e baixa absorção de energia. Por conseguinte, a melhoria das propriedades do betão e a redução da dimensão e da quantidade de defeitos no betão conduziriam a um melhor desempenho do betão. Uma forma eficaz de melhorar estas propriedades consiste em adicionar uma pequena fração (normalmente 0,5% - 2% em volume) de fibras curtas à mistura de betão durante o processo de mistura. As fibras no betão, ao ligarem as fissuras na matriz, podem proporcionar resistência à propagação de fissuras e abrir fissuras antes de serem arrancadas ou sujeitas a tensões até à rutura. As fibras são normalmente utilizadas no betão para controlar a fissuração por retração plástica e a fissuração por retração por secagem. Também reduzem a permeabilidade do betão, diminuindo assim a infiltração de água. Alguns tipos de fibras produzem maior resistência à abrasão por impacto e à estilhaçamento no betão. Geralmente, a resistência, a ductilidade e a extensão do comportamento pós-fissuração do betão dependem das caraterísticas de resistência e do tipo e propriedades das fibras utilizadas na mistura de betão (Wang, 1997), (Wang, Wu, & Li, 2000) .

Recentemente, muitos tipos de fibras estão disponíveis na indústria do betão, e cada tipo de fibra tem as suas próprias propriedades, vantagens e limitações. A seleção das fibras baseia-se principalmente na aplicação do betão. Os diferentes tipos de fibras (figura 1.1) que são utilizados no betão podem ser enumerados da seguinte forma

- Fibras de aço
- Fibras de vidro

- Fibras naturais
- Fibras sintéticas (carbono e polipropileno)

- Fibras recicladas (fibras de alcatifa, fibras de latas de refrigerantes e fibras de aço do pneu)

A maior parte dos resíduos fibrosos é composta por materiais poliméricos naturais e sintéticos, como o algodão, a lã, a seda, o poliéster, o nylon, o polipropileno, etc. Estas fibras são consumidas e deitadas fora em grandes quantidades. Os resíduos industriais referem-se aos resíduos gerados no processo de fabrico de produtos de fibra. A indústria dos tapetes é uma delas, que produz uma grande quantidade de resíduos e a maior parte destes resíduos é constituída por fibras. Estas fibras são principalmente constituídas por 50%-70% de nylon e 15%-25% de polipropileno (Herlihy, 1997), (Bajaj, 1997).

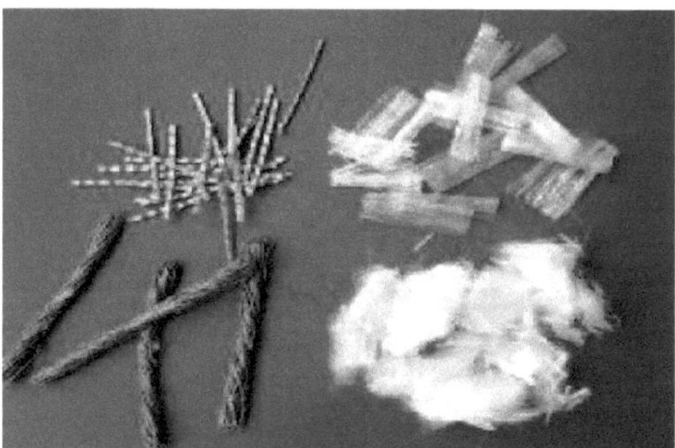

Figura 1.1: Diferentes tipos de fibras.

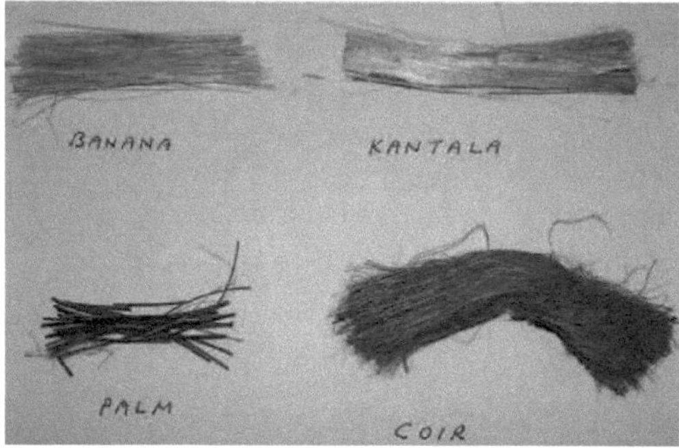

Figura 1.2: Diferentes tipos de fibras naturais.

1.2 Declaração do problema

As fibras são geralmente utilizadas para melhorar diferentes propriedades do betão, tais como o aumento da resistência à tração e à flexão, o aumento da absorção de energia e a redução da retração e da fissuração. Estas fibras podem ser de qualquer tipo, consoante as aplicações do betão. Recentemente, é produzida uma grande quantidade de resíduos em todo o mundo quer pelas indústrias quer pelos consumidores. Uma dessas indústrias é a dos tapetes, que gera uma grande quantidade de resíduos de tapetes por ano. Os resíduos de alcatifa gerados todos os anos e acumulados em aterros representam uma abundância de recursos úteis, uma vez que estes resíduos podem ser utilizados noutras indústrias, como a indústria do betão, como fibra. A quantidade de resíduos de alcatifa, incluindo os resíduos de produção e os resíduos de alcatifa pós-consumo, está estimada em mais de 2000000 toneladas/ano (Wang, 1997). Devido a esta grande quantidade de resíduos, tornou-se um grande problema no caso da gestão de aterros e eliminação.

No entanto, é possível desenvolver um estudo sobre a utilização de resíduos de fibras de alcatifa no betão reforçado com fibras e encontrar uma solução para a utilização destas fibras em vez da deposição em aterro e dos problemas ambientais. Para analisar este aspeto, foi realizado este estudo. Neste estudo, utilizamos resíduos de produção diretamente da indústria.

1.2 Objectivos da investigação

O objetivo desta investigação é estudar as propriedades físicas e mecânicas do betão contendo fibras provenientes de resíduos industriais de alcatifa. Os objectivos são os seguintes

1) Para investigar as propriedades da própria fibra (densidade, resistência, elasticidade etc.).
2) Investigar as propriedades físicas do betão:
   - Betão fresco: densidade, trabalhabilidade, etc.
3) Investigar as propriedades mecânicas do betão:
   - Betão endurecido: resistência à compressão, resistência à tração e resistência à flexão.
   - Comportamento de retração do betão com fibras de alcatifa.
4) Determinar o teor ótimo de fibras.

1.3 Âmbito da investigação

Para atingir os objectivos do estudo, é necessário realizar alguns trabalhos de laboratório. Na fase inicial da investigação, selecionar as fibras que serão utilizadas nesta investigação. Nesta investigação, foram utilizadas fibras de resíduos de produção das indústrias de alcatifa. Em seguida, as propriedades mecânicas das fibras têm de ser justificadas através da realização de ensaios de tração e de densidade.

O tipo de betão a utilizar é o M30. Os ensaios necessários para que esta investigação atinja os seus objectivos são: ensaios de compressão, flexão, tração por fendilhação e retração do betão reforçado com fibras contendo resíduos industriais de fibras de alcatifa. As porcentagens do total de fibras de carpete nesta pesquisa são: 0,5%, 1,0%, 1,5% e 2,0%. O tamanho do cubo será de 100x100x100 mm e, para o ensaio de resistência à flexão, o tamanho do prisma utilizado será de 100x100x500 mm, tendo sido utilizado um cilindro com 100 mm de diâmetro e 200 mm de altura para o ensaio de tração por rutura. Os espécimes foram ensaiados durante 1, 7 e 28 dias de cura, pelo que cada lote terá 9 amostras de cubos, 9 amostras de prisma com a dimensão de 100x100x500 mm e 15 amostras de cilindro e também um lote de betão simples como controlo para efeitos de comparação.

1.4 Importância do estudo

As fibras de alcatifa são materiais residuais que podem ser encontrados em abundância na Malásia, no Irão e em muitos outros países. Estes materiais são, na sua maioria, depositados em aterros ou queimados e afectam o ambiente circundante. A importância deste estudo consiste em desenvolver novas tecnologias no domínio dos resíduos e da estrutura, utilizando fibras de alcatifa em betão, que podem ser utilizadas como elementos estruturais ou não estruturais, dependendo das caraterísticas de resistência do betão. Também a partir deste estudo, será justificada a fração volumétrica percentual óptima de fibras de alcatifa que é adequada para a qualidade esperada do betão, de modo a que possa ser amplamente utilizada em diferentes aplicações, tais como pavimentos de betão, pavimentos de pontes, coberturas ou qualquer outro campo de construção em betão com base nas suas propriedades. As fibras de alcatifa ajudarão a retardar as microfissuras no betão durante o carregamento e melhorarão a absorção de energia, além de proporcionarem uma falha suave nas estruturas de betão, em comparação com o betão simples.

CAPÍTULO 2

REVISÃO DA LITERATURA

2.1 Introdução

O betão reforçado com fibras é um betão que contém materiais fibrosos de diferentes tipos e propriedades que melhoram as diferentes propriedades mecânicas e físicas do betão. O conceito de utilização de fibras como reforço não é novo. As fibras têm sido utilizadas como reforço desde a antiguidade. Historicamente, as crinas de cavalo eram utilizadas na argamassa e a palha nos tijolos de barro. No início dos anos 1900, as fibras de amianto eram utilizadas no betão e, nos anos 50, surgiu o conceito de materiais compósitos e o betão reforçado com fibras foi um dos tópicos de interesse. Na década de 1960, as fibras de aço, de vidro e sintéticas, como as fibras de polipropileno, eram utilizadas no betão e a investigação sobre novos betões reforçados com fibras continua atualmente (Wang, 1997), (Wang, Wu, & Li, 2000).

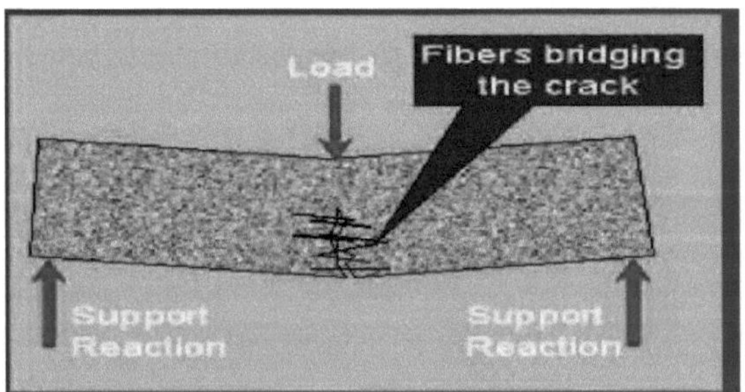

Figura 2.1: Padrão de fissuração e ação de ponte das fibras.

Tendo em conta o aumento contínuo dos custos de eliminação, os fluxos de resíduos actuais estão a ser estudados com cada vez mais atenção quanto ao seu potencial de reciclagem. Uma abordagem direta para eliminar grandes quantidades de resíduos é a sua utilização como substituto de matérias-primas em aplicações de grande volume, como o betão em massa (Vilkner & Meyer, 2002), (Meyer, Shimanovich, & Vilkner, 2002). As fibras recicladas de várias fontes têm sido estudadas como reforço do betão, incluindo cordas de pneus, fibras de papel, penas, aparas de aço, fibras de madeira provenientes de resíduos de papel e polietileno de alta densidade (Wang, Wu, & Li, 2000), (Wang, 2000), (Wang, 2006).

Os resíduos de alcatifa gerados todos os anos e acumulados em aterros representam uma abundância de recursos úteis, uma vez que estes resíduos podem ser convertidos em vários produtos úteis. A quantidade de resíduos de alcatifa, incluindo resíduos de alcatifa de produção e pós-consumo, está estimada em mais de 2000000 toneladas/ano (Wang, Wu, & Li, 2000), (Wan, 1998).

Mais recentemente, surge a utilização de resíduos de alcatifas, que constituem uma parte substancial dos actuais fluxos de resíduos. O betão com fibras de alcatifa foi estudado no passado (Wang, 1997), (Wang, 1998), (Vilkner & Meyer, 2002), mas apenas algumas propriedades mecânicas foram estudadas e envolvendo uma percentagem relativamente pequena de fibras. Neste estudo, vamos analisar os efeitos que as fibras de alcatifa podem ter nas propriedades físicas e mecânicas do betão com diferentes percentagens de fibras.

2.2 Tapetes Fibras

Em geral, os tapetes têm uma estrutura como a apresentada na figura 2.2. As camadas de suporte consistem normalmente em folhas de malha de polipropileno. O fio de revestimento é geralmente feito de nylon ou polipropileno. As duas camadas de suporte são frequentemente unidas por látex com CaCoa como material de enchimento. As principais diferenças entre o nylon e o polipropileno estão resumidas no quadro 2.1.

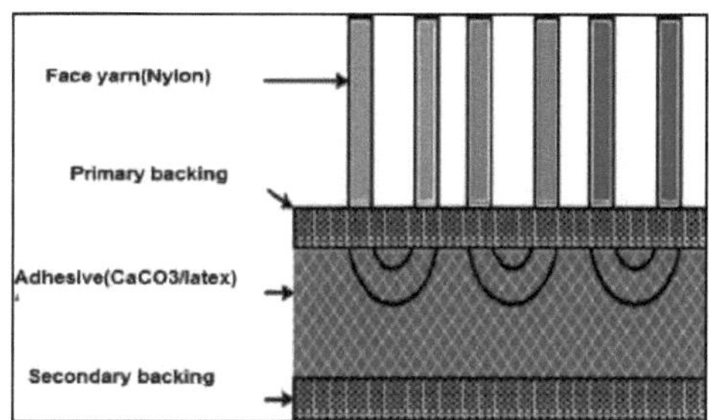

Figura 2.2: Estrutura típica de um tapete.

Tabela 2.1: Propriedades do nylon e do polipropileno (Vilkner & Meyer, 2002)

Property	Nylon	Polypropylene
Unit weight [g/cm^3]	1.13 - 1.15	0.9 - 0.91
Reaction with water	Absorbs water	Hydrophobic
Tensile strength [ksi]	11 - 13	4.5 - 6.0
Elongation at break [%]	15 - 300	100 – 600
Melting point [°C]	265	175
Thermal conductivity [W/m/K]	0.24	0.12

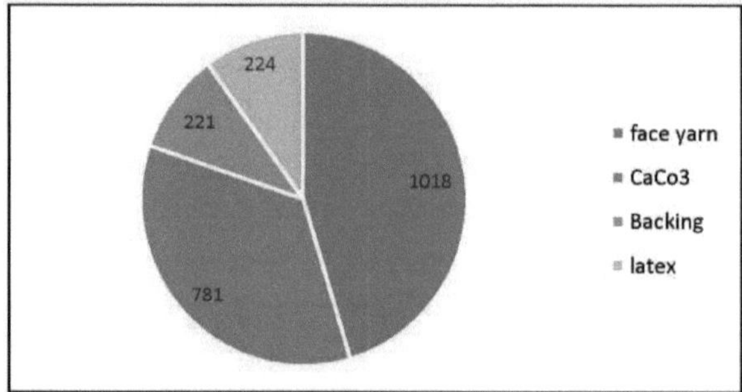

Figura 2.3: Massa dos componentes/área típica de alcatifa (gr/m^2). Total 2223 gr/m^2.

As fibras de alcatifa podem ser aplicadas no betão sob a forma de pulverização ou pré-mistura. A pulverização envolve o sopro de fibras no betão durante a moldagem. A pré-mistura é feita através da adição de fibras ao betão durante o processo de mistura da moldagem. O comprimento das fibras disponíveis varia e depende do tipo de tapete e da indústria, mas principalmente as fibras que são utilizadas no betão armado têm um comprimento entre 12-25 mm e uma fração volumétrica de 1-2% (Vilkner & Meyer, 2002), (Wang, Wu, & Li, 2000), (Wang, 1998), (Wang, 1997). De acordo com as informações acima referidas sobre os diferentes tipos de fibras de alcatifa, como o nylon e o polipropileno, e as suas propriedades, resumiremos os estudos anteriores sobre betão com fibras de alcatifa.

Figura 2.4: Fibras típicas de alcatifa.

2.3 Efeitos das fibras de alcatifa nas propriedades do betão

A utilização de fibras no betão tem efeitos significativos em diferentes fases. Estes efeitos resultam principalmente em diferentes propriedades do betão, tanto na fase fresca como na fase de endurecimento, e dependem principalmente do tipo e da percentagem de fibras adicionadas à matriz do betão.

2.3.1 Betão fresco

As propriedades do betão fresco, tais como a trabalhabilidade, a densidade, a sangria e a segregação, são muito importantes e devem ser sempre observadas, uma vez que têm efeitos diretos ou indirectos nas propriedades do betão endurecido e também na sua resistência e durabilidade. De facto, a qualidade do betão endurecido está relacionada com as propriedades do betão fresco. Por exemplo, o sangramento da água terá efeitos no processo de hidratação e, por conseguinte, na resistência do betão. Por conseguinte, ao utilizar estas fibras, as propriedades do betão fresco podem ser melhoradas e, durante a adição e a mistura, o processo deve ser cuidadosamente acompanhado. Seguem-se algumas propriedades do betão fresco que estão em causa e que serão discutidas brevemente de acordo com estudos anteriores.

2.3.1.1 Densidade

Densidade, também designada por massa unitária ou peso unitário no ar. Teoricamente, a densidade é a soma das massas de todos os ingredientes de um lote de betão dividida pelo volume preenchido pelo betão. De acordo com a tabela 2.1, pode ver-se que a densidade do nylon e do polipropileno, que são utilizados principalmente como fibras de alcatifa, é diferente e inferior à do betão simples, pelo que terá efeito na densidade do betão e a densidade do betão que contém fibras de alcatifa é ligeiramente inferior à do betão simples (Vilkner & Meyer, 2002), (Wang,

Wu, & Li, 2000), (Lave, Noellette, & James, 1998).

2.3.1.2 Trabalhabilidade

A trabalhabilidade é definida como a facilidade de transporte, colocação e compactação do betão sem sangramento excessivo e segregação das partículas do betão. A inclusão de fibras, independentemente do tipo, doseia alguma perturbação na trabalhabilidade do betão. Este facto deve-se ao encravamento e emaranhamento das fibras em torno das partículas de agregado que produzem uma mistura mais coesa (menos trabalhável) e menos propensa à segregação (Gambir, 2004).

Os efeitos das fibras de alcatifa na trabalhabilidade do betão foram comprovados por Wang, et al. (Wang, Wu, & Li, 2000). O teste de abatimento foi efectuado para este estudo e os resultados na tabela 2.2 mostram que foi registada uma boa trabalhabilidade (abatimento de 180-230 mm) para misturas com até 8 kg/m^3 de resíduos de fibras de alcatifa. O valor do abatimento diminuiu para 70 mm a partir de 5,95 kg/m^3, 51 mm para 8,93 kg/m^3, 48 mm para 11,9 kg/m^3 e para quase zero para 17,85 kg/m^3 de fibras.

Tabela 2.2: Propriedades do betão fresco (Wang, Wu, & Li, 2000).

Mix	Dosage (kg/m^3)	Approximate V_f (%)	Slump (mm)
1	—	0.15	178
2	0.89	0.07	229
3	1.34	0.11	184
4	1.79	0.14	191
5	5.95	0.47	70
6	8.93	0.70	51
7	11.90	0.93	48
8	17.85	1.40	0

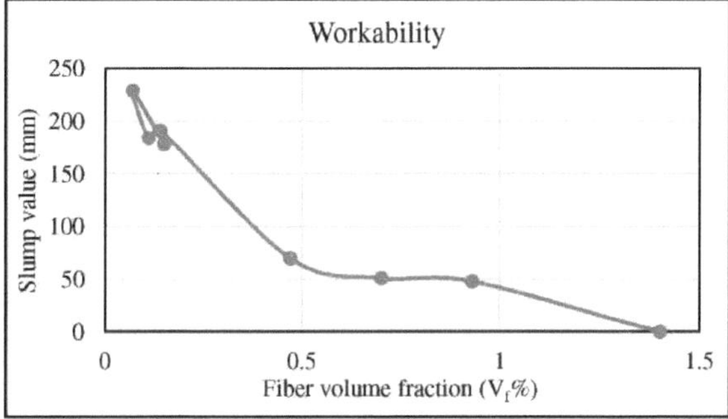

Figura 2.5: Efeito das fibras na trabalhabilidade do betão (Wang, Wu, & Li, 2000).

Noutra investigação efectuada por Vilkner, et al. (Vilkner & Meyer, 2002), verificou-se também que a adição de uma grande quantidade de fibras reduz muito a trabalhabilidade da mistura, tornando muito mais difícil a sua consolidação e a obtenção de um resultado final de alta qualidade e baixa porosidade.

2.3.1.2 Hemorragia e segregação

O sangramento é uma forma de segregação em que parte da água do betão tende a subir à superfície do material acabado de colocar. Isto ocorre devido à incapacidade dos componentes sólidos do betão de reterem toda a água da mistura quando se depositam para baixo (sendo a água o mais leve de todos os constituintes da mistura). A sangria da água continua até que a pasta de cimento tenha endurecido o suficiente para terminar o processo de sedimentação. Se a água de purga for misturada de novo durante o acabamento da superfície superior, o resultado será uma superfície superior fraca. Para evitar esta situação, as operações de acabamento podem ser adiadas até que a água de purga se tenha evaporado. Por outro lado, se a evaporação da água de superfície for mais rápida do que a taxa de sangramento, pode ocorrer fissuração por retração plástica (Wang, Wu, & Li, 2000), (Vilkner & Meyer, 2002), (Wang, 1998). A presença de uma proporção adequada de agregado muito fino (inferior a 150pm) reduz a hemorragia. Do mesmo modo, sabe-se que as microfibras de polipropileno reduzem a hemorragia. Como as fibras de tapete contêm nylon e polipropileno, reduzem a hemorragia e a segregação do betão nos primeiros anos (Wang, Wu, & Li, 2000), (Vilkner & Meyer, 2002).

2.3.2 Betão endurecido

Os benefícios da utilização de fibras no betão e da sua cura em idades precoces continuam a contribuir para o betão endurecido e para as suas propriedades. As propriedades do betão endurecido estão sobretudo relacionadas com a resistência e referem-se também às suas propriedades mecânicas, como a resistência à compressão, a resistência à tração, a tenacidade, a resistência à fissuração e a retração a seco (TexWire, 2005), (Wang, Wu, & Li, 2000), (Lave, Noellette, & James, 1998), (Miraftab, 1999).

2.3.2.1 Resistência à compressão

A resistência à compressão é normalmente a propriedade mecânica mais importante do betão, porque está fortemente correlacionada com outras propriedades, como a durabilidade. Nos estudos efectuados por Wang (Wang, 1997), (Wang & Wu, 1999), (Wang,1997), (Wang, Wu, & Li, 2000), verificou-se que a resistência é significativa apenas na medida em que a adição de fibras não a deve reduzir abaixo do valor especificado pelo produtor. As fibras de polímero utilizadas na indústria dos tapetes, embora muito eficazes no aumento da ductilidade e da resistência à fratura de um material que, de outro modo, seria bastante frágil, são conhecidas por reduzirem a resistência à compressão do betão.

De acordo com a figura 2.6, a resistência à compressão da mistura 8 com 1,4% em volume de resíduos de fibras de alcatifa foi menor devido à adição de fibras. A resistência máxima à compressão ocorre com 0,47% de fibras, que é a quantidade óptima de fibras nesse estudo. Por conseguinte, a resistência do betão diminuirá se for ultrapassada a quantidade óptima de fibras.

Tabela 2.3: Resultados dos ensaios de betão reforçado com fibras de resíduos de alcatifa (Wang, Wu, & Li, 2000).

Mix	Dosage (kg/m³)	Approx imate V_f (%)	Slump (mm)	Compressive Strength		Flexural Strength		Toughness		
				MPa	Cov	MPa	Cov	I_5	I_{10}	I_{20}
1	—	0.15	178	22.8	0.11	3.74	0.09	3.22	4.69	6.33
2	0.89	0.07	229	20.0	0.12	3.64	0.07	3.64	3.07	4.21
3	1.34	0.11	184	24.3	0.13	4.20	0.07	4.20	2.98	4.01
4	1.79	0.14	191	25.6	0.08	4.06	0.08	2.96	4.06	5.03
5	5.95	0.47	70	27.6	0.07	3.79	0.07	2.71	3.64	4.76
6	8.93	0.70	51	23.7	0.02	4.11	0.08	2.95	4.17	5.77
7	11.90	0.93	48	23.1	0.14	3.77	0.07	3.06	4.41	6.41
8	17.85	1.40	0	17.4	0.20	3.73	0.10	3.29	5.17	7.91

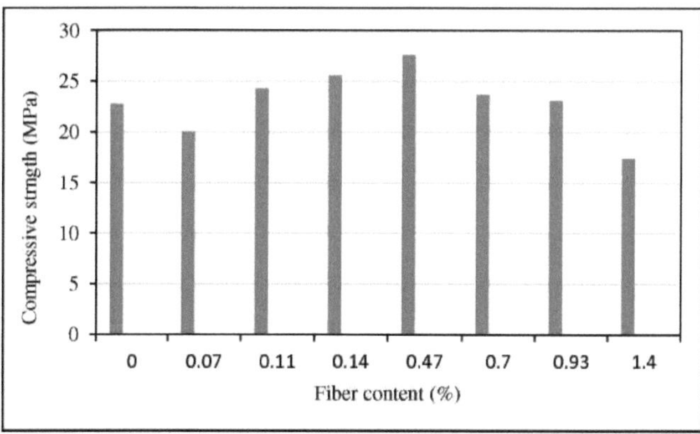

Figura 2.6: Efeito do teor de fibras na resistência à compressão do betão, (Wang, Wu, & Li, 2000).

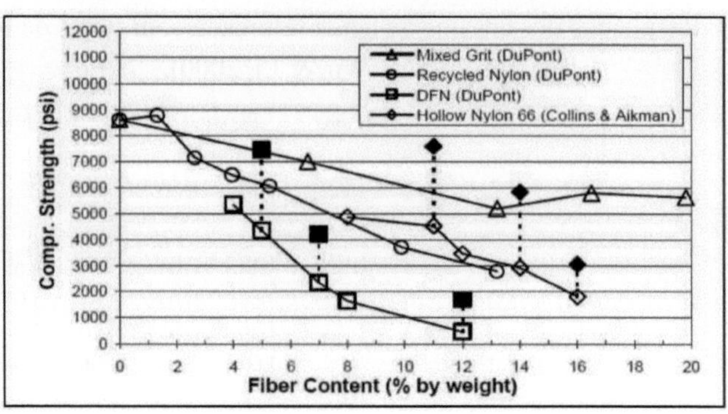

Figura 2.7: Resistência à compressão vs. quantidade de fibras de alcatifa recicladas. (Vilkner & Meyer, 2002). (Símbolos vazios: resistência de 7 dias, símbolo sólido: resistência de 28 dias)

A melhoria da resistência à compressão do betão contendo fibras de alcatifa recicladas foi comprovada pela investigação realizada por Zhou, et al. (Zhou & Xiang, 2011) . Com a adição de 0,06% e 0,14% de fibras de alcatifa recicladas, a resistência à compressão do betão aumentou 11,37% e 1,58% em relação ao betão simples.

Tabela 2.4: Adição de diferentes fibras à resistência à compressão do betão (Zhou & Xiang, 2011).

Fiber kinds	Fiber dosage (%)	7d compressive strength (MPa)	28d compressive strength (MPa)
conerete	0	15.718	22.454
Fiber reinforced concrete	0.06	19.516	27.88
	0.08	18.658	26.65
	0.12	21.095	30.14
	0.14	21.644	30.92
Recycled fiber concrete	0.06	17.297	24.71
	0.14	21.99	31.41

2.3.2.2 Resistência à flexão

A resistência à flexão é um parâmetro mecânico para materiais frágeis que é definido como a capacidade de um material resistir à deformação sob carga. Por conseguinte, a resistência à flexão está frequentemente relacionada com a flexão e o deslocamento e também com a resistência do betão à fissuração. A resistência à flexão é normalmente determinada por um ensaio de resistência à flexão de três ou quatro pontos. O ensaio de resistência à flexão é realizado numa viga de betão . Uma vez que o betão é pobre em resistência à tração e a parte inferior da viga está sob tensão, a adição de fibras ao betão melhorará a resistência à tração e a resistência à flexão através da ação de ponte no betão e reduzirá o desenvolvimento de fissuras na zona de tensão da viga. A resistência à flexão do betão reforçado com fibras depende sobretudo da qualidade e dos tipos de fibra utilizados. Numa investigação realizada por Wang, et al. (Wang, Wu, & Li, 2000), provou-se que a resistência à flexão, correspondente à carga máxima de flexão no ensaio, era semelhante para todas as misturas, sugerindo que a adição de fibras ao betão tinha pouco efeito sobre a resistência à flexão das vigas de betão. Os resultados da investigação são apresentados na tabela 2.3 e também graficamente na figura 2.8.

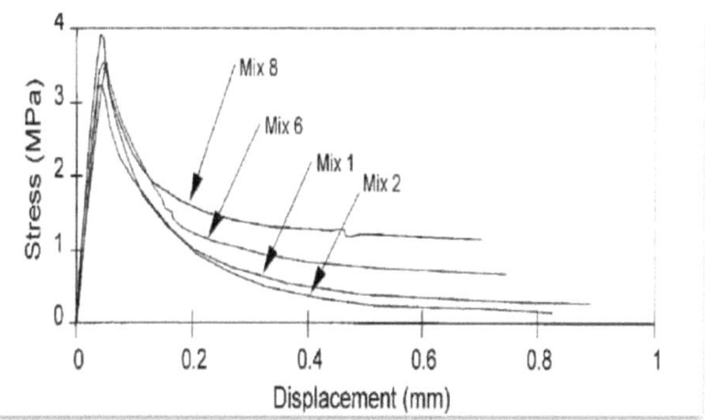

Figura 2.8: Curvas típicas de resistência à flexão de FRC (Wang, Wu, & Li, 2000)

Noutro estudo realizado por João, (João, 2009), cujos resultados são apresentados na tabela 2.5 e na figura 2.9, mostram que a resistência à flexão do betão reforçado com fibras fabricado com resíduos de fibras têxteis diminui com o aumento do teor de fibras têxteis. Em média, a resistência à flexão diminuiu 27,4% para o teor de 1% de fibras têxteis e 50,7% para o teor de 2% de fibras têxteis, quando comparado com o betão polímero com teor de resina de 10%.

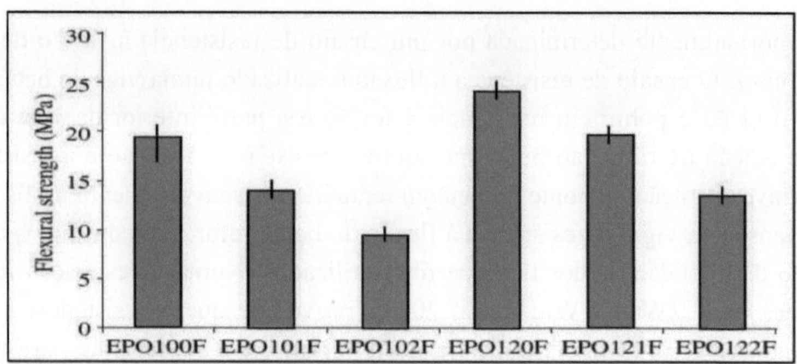

Figura 2.9: Comparação da resistência à flexão de todos os betões polímeros (João, 2009)

Tabela 2.5: Resultados do ensaio de resistência à flexão do betão polímero têxtil (MPa), (João, 2009).

Specimen	EPO100F	EPO101F	EPO102F	EPO120F	EPO121F	EPO122F
1	20.59	13.24	10.07	24.70	19.46	13.54
2	19.76	15.16	9.25	23.46	19.64	14.62
3	19.14	13.56	10.47	25.28	20.69	12.88
4	20.75	14.93	9.12	24.21	20.35	13.85
5	16.90	13.64	8.98	23.72	18.81	13.53
Average	19.43	14.11	9.58	24.27	19.79	13.68
St. Dev.	1.56	0.87	0.65	0.74	0.74	0.63
COV	8.01	6.20	6.83	3.03	3.76	4.61
CI (95%)	1.63	0.92	0.69	0.77	0.78	0.66

2.3.2.3 Resistência à tração

A resistência à tração é uma propriedade importante do betão porque as estruturas de betão são altamente vulneráveis à fissuração por tração devido a vários tipos de efeitos e à própria carga aplicada. No entanto, a resistência à tração do betão é muito baixa em comparação com a sua resistência à compressão. Devido à dificuldade de aplicar tensão uniaxial a um provete de betão, a resistência à tração do betão é determinada por métodos de ensaio indirectos: (1) Ensaio de cilindro fendido (2) Ensaio de flexão. É de notar que ambos os métodos dão um valor mais elevado de resistência à tração do que a resistência à tração uniaxial. A adição de fibras destina-se principalmente a melhorar as propriedades do betão, que tem uma resistência à tração muito baixa. Isto provou ser possível na investigação efectuada por Wang (Wang, 1997), (Wang, 1998), (Wang, Wu, & Li, 2000), (Wang, 2011). Nestas investigações utilizaram o ensaio de flexão e provaram que a adição de fibras de alcatifa tem um efeito na resistência à tração do betão. Os resultados são apresentados na tabela 2.3. Noutro ensaio realizado por Miraftab (Miraftab, 1999), o protocolo de ensaio incluiu um ensaio de flexão padrão de quatro pontos, seguido de uma avaliação da resistência residual da peça separada enquanto ainda estava presa pelos fios de alcatifa. Seguiu-se um ensaio improvisado de resistência ao impacto. Os resultados mostraram que a utilização de fibras de alcatifa melhora significativamente a resistência à tração do betão. O efeito positivo das fibras de alcatifa na resistência à tração do betão foi comprovado através da comparação dos efeitos de outras fibras no betão. (Lave, Noellette, & James, 1998), neste teste, a utilização de fibras de alcatifa foi comparada com seis outros plásticos, incluindo o Nylon 66. Os resultados mostraram que a utilização de fibras de alcatifa no betão aumentou a resistência à tração até $5{,}9 \times 10^3$ psi.

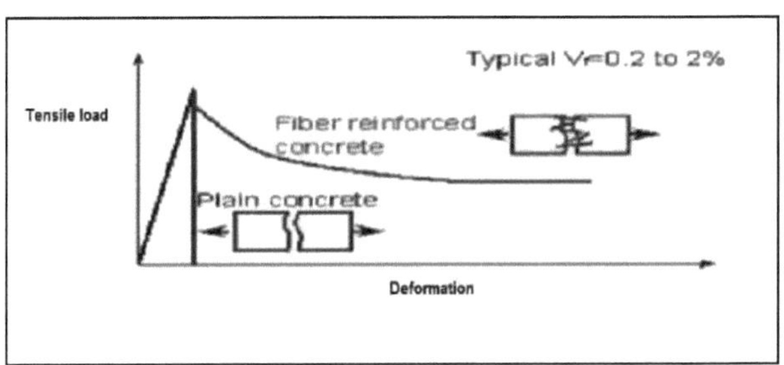

Figura 2.10: Deformação dos versos de tensão para betão simples e betão reforçado com fibras.

Tabela 2.6: Propriedades físicas do PCR comparadas com as de vários polímeros típicos, (Lave, Noellette, & James, 1998).

Polymer	Tensile strength 10^3 psi	Tensile modulus 10^5 psi	Elongation %	Impact strength (notched) ft-lb/in
RCP	5.6-5.9	3.6-4.3	3	0.48-0.60
PS	5-12	4-6	1-1.5	0.25-0.40
N66	9-12	1.8-4.2	60-300	1-2
ABS	3.5-6.2	2-3.5	5-60	3-8
PP	4.3-5.5	1.6-2.3	200-700	0.5-2
HDPE	3.1-5.5	0.6-1.8	2-1000	0.5-2
PET	8.5-10.5	4.6	50-300	0.25-0.35

Notas: RCP = plástico de alcatifa reciclado; PS = poliestireno; N66 = nylon *66;* ABS

= copolímero de acrilonitrilo-butadieno-estireno; PP = polipropileno; HDPE = polietileno de alta densidade. Dados adaptados de Williams. (Williams, 1994), e Mc Crum et al. (McCrum, Buckley, & Bucknall, 1992).

2.3.2.4 Retração

A retirada de água do betão endurecido e também a presença de espaços vazios na mistura de betão podem causar retração por secagem em função do tempo e da idade do betão. Para evitar este problema, podem ser utilizadas fibras na mistura de betão. Foram utilizados muitos tipos de betão para este fim, tendo sido obtidos diferentes resultados. A fibra reciclada é um desses materiais que tem sido utilizado em alguns estudos. Wang, et.al (Wang, Wu, & Li, 2000), estudaram a utilização de fibra de alcatifa reciclada no betão para examinar o seu efeito no comportamento de retração do betão. O ensaio de retração de secagem livre seguiu o método de ensaio normalizado das normas ASTM C 596 e ASTM C 157. Neste estudo, foram utilizadas fibras de alcatifa de polipropileno recicladas, tanto do fio do verso como do fio da face, e fibras de aço de camadas recicladas.

A retração livre de cada compósito foi medida em diferentes idades de exposição a condições ambientais controladas. A retração do betão reforçado com fibras de aço foi cerca de 7% inferior à do betão simples, mas a retração livre do compósito de fibras recicladas foi superior à do betão simples. Os resultados desta investigação são apresentados na figura 2.12.

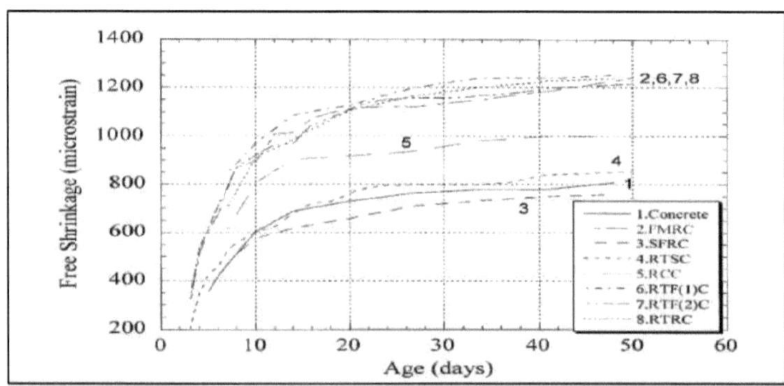

Figura 2.11: Retração livre em diferentes idades para betão com diferentes fibras recicladas (Wang, Wu, & Li, 2000).

2.3.2.5 Dureza

Na ciência dos materiais e na metalurgia, a tenacidade é a capacidade de um material absorver energia e de se deformar plasticamente sem fraturar. Uma definição de tenacidade de um material é a quantidade de energia por volume que um material pode absorver antes de se romper. Também é definida como a resistência à fratura de um material quando sujeito a tensão. Num ensaio realizado por Wang, et al. (Wang, Wu, & Li, 2000), a alteração da tenacidade à flexão foi quantificada utilizando o índice de tenacidade de acordo com a norma ASTM C 1018-92. O índice é a área sob a curva do ensaio de flexão até um determinado deslocamento normalizado pela área até à fissuração da matriz. Os índices de tenacidade correspondem a uma maior deflexão da viga. Os resultados deste ensaio são apresentados no quadro 2.3.

2.3.2.6 Durabilidade

A durabilidade do betão pode ser definida como a capacidade de resistir à ação das intempéries, à abrasão, ao ataque químico ou a qualquer processo de deterioração. A utilização de fibras no betão ajuda a torná-lo mais durável contra as acções mencionadas anteriormente. A redução das fissuras e a melhoria da impermeabilidade do betão reduzirão as acções nocivas sobre o betão e, por conseguinte, a durabilidade do betão aumentará. A utilização de fibras de alcatifa no betão, à semelhança de outros tipos de fibras, também desenvolveu a durabilidade, o que foi comprovado pela investigação realizada por Vilkner (Vilkner & Meyer, 2002). O ensaio de resistência ao ciclo de congelação-descongelação foi realizado para o betão que contém fibras de alcatifa de acordo com a norma ASTM C666, que aumenta a vida útil em função das alterações naturais de temperatura. As amostras foram expostas a ciclos de gelo-degelo superiores a 700 ciclos. Além disso, as amostras foram testadas quanto à resistência à compressão após a exposição a ciclos de gelo-degelo e foi difícil mostrar uma redução da resistência. Este resultado mostra que o betão que contém resíduos de fibras de alcatifa tem propriedades de durabilidade muito boas e suficientes, sendo também provável que sejam superiores aos requisitos para as aplicações específicas.

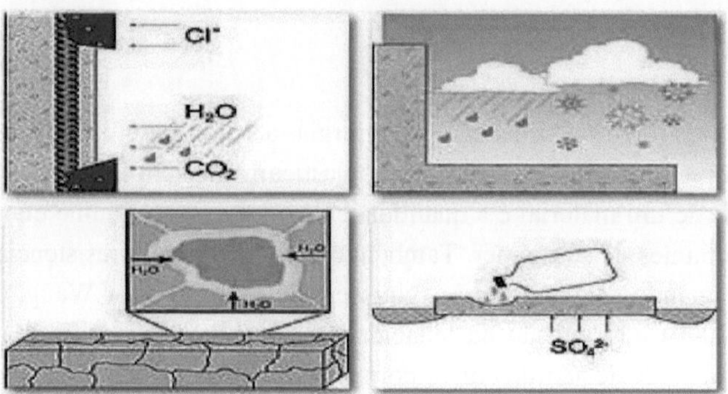

Figura 2.12: Efeito dos factores na durabilidade do betão.

2.4 Resumo e conclusões

O betão reforçado com fibras contendo resíduos de fibras de alcatifa tem sido amplamente estudado e quase todos os estudos revelaram ser útil e eficaz para melhorar as propriedades do betão fresco e endurecido. Os estudos anteriores provaram que estas fibras afectam a trabalhabilidade do betão fresco mesmo até ao valor de abatimento zero, com base na fração volumétrica das fibras. As propriedades do betão endurecido, como a dureza, a retração, a resistência à tração e à flexão e também a durabilidade, melhoraram.

A utilização de fibras recicladas e até mesmo de resíduos industriais pode trazer benefícios adicionais em termos de redução de resíduos e conservação de recursos brutos. Em muitos países com uma indústria de alcatifa, os resíduos de alcatifa são gerados em grande quantidade todos os anos. Como vimos nos estudos anteriores, estes resíduos de alcatifa, quer pela indústria quer pelos pós-consumidores, podem ser utilizados na indústria da construção como fibras em betão armado para melhorar certas propriedades do betão simples. Uma vez que vários investigadores realizaram diferentes misturas de betão e condições de ensaio, não é possível efetuar uma comparação direta dos dados e dos valores fornecidos pelos diferentes artigos. No entanto, observou-se que os resíduos de fibras de alcatifa podem proporcionar boas condições no betão, em comparação com os efeitos das fibras virgens que são mais utilizadas. Por fim, concluímos que as fibras utilizadas no betão armado têm geralmente de ser suficientemente duráveis nas condições cimentícias, ter propriedades mecânicas aceitáveis e uma configuração geométrica adequada para serem eficazes no betão. São necessários estudos adicionais para processar as fibras de alcatifa de modo a obter uma fração de valor óptima. Quanto à durabilidade das fibras, é necessário realizar mais estudos para melhorar e avaliar a sua durabilidade em betão portland e mesmo em betão de cimento misturado. Com a realização de mais estudos e trabalhos laboratoriais, os efeitos exactos e os benefícios das fibras de alcatifa no betão serão realizados e tornarão este tipo de betão amplamente aceitável e utilizado nas construções comerciais.

É muito significativo que a utilização de fibras residuais de baixo custo, como as fibras de alcatifa, no betão armado possa conduzir a infra-estruturas melhoradas com maior fiabilidade e durabilidade. Este tipo de betão pode ser amplamente utilizado em pavimentos de betão, na construção de aeroportos em pistas e caminhos de circulação, em tabuleiros e barreiras de pontes e na construção de edifícios em diferentes componentes com base nas propriedades do betão.

CAPÍTULO 3

METODOLOGIA

3.1 Introdução

A investigação envolveu um trabalho experimental, com o objetivo de estudar as propriedades mecânicas e físicas do betão com fibras de alcatifa. Na primeira fase do trabalho experimental, foram determinadas as propriedades das fibras de alcatifa, tais como a densidade e a resistência à tração, e, em seguida, foram realizadas as propriedades mecânicas e físicas do betão fresco e endurecido. Neste estudo, na primeira fase, foi efectuado um ensaio de ensaio para utilizar os resultados como dados de controlo para uma conceção adequada da mistura e também para descobrir o comprimento ideal das fibras a utilizar. Na segunda fase, as fibras de alcatifa foram adicionadas ao betão em diferentes percentagens durante as misturas. Por conseguinte, as propriedades físicas e mecânicas do betão com diferentes percentagens volumétricas de fibras foram realizadas e comparadas com os resultados dos ensaios de controlo.

3.2 Materiais

3.2.1 Cimento

Neste estudo, o tipo de cimento utilizado foi o cimento TASEK COPORATION BERHAD, que estava disponível no laboratório da universidade. As propriedades do cimento estão em conformidade com a norma BS EN 197-1:2000. O cimento é armazenado em boas condições e a baixa humidade para evitar quaisquer alterações nas suas propriedades.

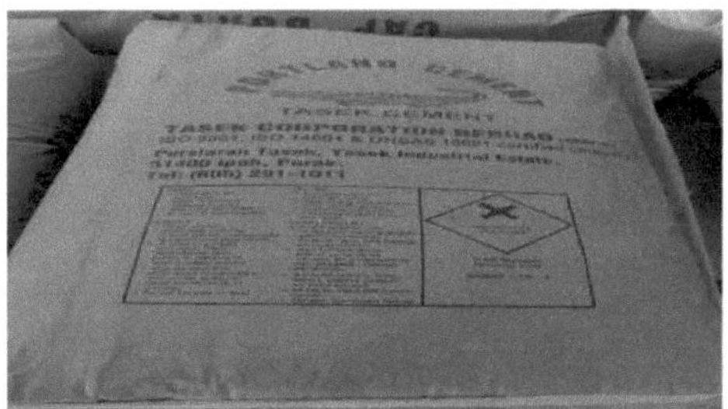

Figura 3.1: Tipo de cimento Portland.

3.2.2 Agregados

Os agregados são um dos materiais mais importantes utilizados no betão, pelo que devem estar em boas condições. Para tornar o betão homogéneo e evitar qualquer porosidade no betão e também para assegurar a estabilidade estrutural interna do betão, devem ser utilizados agregados grossos e finos. A dimensão máxima dos agregados grossos utilizados em todas as amostras foi de 10 mm de granito triturado e o agregado fino foi areia natural de rio com 40% de passagem pelo peneiro de 600 pm. Todos os agregados utilizados estavam no estado SSD.

3.2.3 Fibras de alcatifa

De um modo geral, os tapetes industriais são constituídos por duas partes, os fios da face e do verso. Os materiais utilizados em cada fio podem ou não ser os mesmos. Os materiais mais comuns utilizados nesta indústria são o nylon e o polipropileno, com diferentes tipos de látex como aglutinante e adesivo. Durante o processo de tecelagem, há uma grande quantidade de resíduos de fibras em ambos os fios. Outra fonte de resíduos de fibras provém dos rolos do fornecedor durante o processo. Os resíduos apresentam-se sob diferentes formas, uma vez que os resíduos do fio da face se apresentam principalmente sob a forma de fibras de diferentes comprimentos e os resíduos do fio do avesso e dos bordos são malhas de diferentes tamanhos. Estes resíduos são apresentados na figura.

Figura 3.2: Diferentes resíduos industriais de alcatifa (fios da face e do verso).

Neste estudo, foram utilizadas fibras de polipropileno provenientes de resíduos industriais de fibras de alcatifa e os materiais foram recolhidos na empresa ENTEX CARPET INDUSTIES SND. BHD, em Selangor, Malásia, que provêm maioritariamente de resíduos de fios e rolos. Após a recolha das fibras na indústria, foram realizados diversos ensaios com as próprias fibras e também com o betão que contém estas fibras, a fim de descobrir as propriedades das fibras e da mistura de betão, bem como o comprimento ideal das fibras a utilizar. Estes ensaios e os respectivos procedimentos serão abordados nos capítulos seguintes. Conhecendo as propriedades e os comprimentos das fibras, estas são cortadas com uma tesoura no comprimento desejado e preparadas para o programa experimental.

3.3 Conceção da mistura e preparação da amostra

3.3.1 Método de conceção da mistura

Neste estudo, a conceção da mistura de todas as amostras foi efectuada com base no método DOE. A resistência caraterística do projeto foi fixada em 30 N/mm^2 e o valor do abatimento foi concebido num intervalo de 30-60 mm. O betão de controlo (PC) é o betão que inclui cimento, água, agregados finos e grossos; enquanto o betão reforçado com fibras foi produzido com a adição de fibras de tapete à mistura de betão simples para produzir FRC.

3.3.2 Preparação de espécimes

Todos os materiais foram preparados com base na proporção indicada na tabela 3.2 para a produção de betão. As fibras de alcatifa foram adicionadas à mistura durante a mistura a seco e distribuídas uniformemente através do misturador mecânico para obter uma boa mistura de betão. Após o processo de mistura, o betão foi moldado e compactado nos moldes em conformidade com a norma ASTM C192/C192M-07. Foi utilizado um vibrador de mesa para compactar corretamente o betão nos moldes e para evitar qualquer porosidade nas amostras. As amostras moldadas foram curadas durante 24 horas para assentamento e endurecimento. Durante este período, foram utilizadas folhas de gunny e de plástico molhadas para cobrir as amostras e evitar a evaporação do teor de humidade do betão para conseguir o processo de hidratação adequado do cimento. Após 24 horas, as amostras foram desmoldadas e a cura com água foi efectuada nas condições desejadas até aos dias de ensaio. Todos os espécimes foram secos ao ar durante uma hora antes do ensaio à temperatura ambiente.

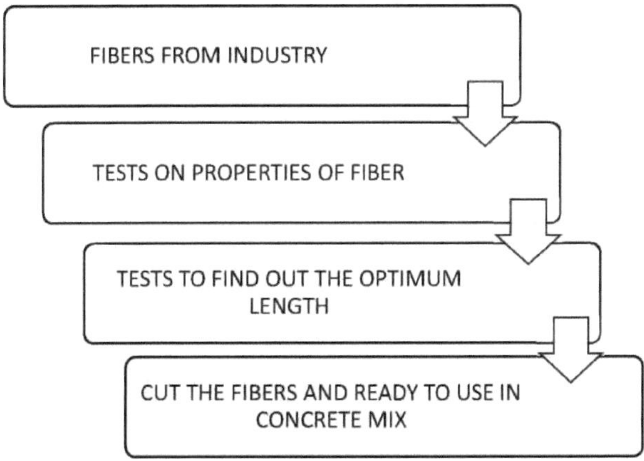

Figura 3.3: Diagrama de fluxo para o processamento de fibras de alcatifa

3.4 Testes laboratoriais

3.4.1 Ensaios em fibras de alcatifa

Depois de recolher as fibras da indústria, é necessário efetuar alguns testes às fibras e descobrir as propriedades desejadas das fibras. Neste estudo, foram efectuados ensaios de resistência à tração e de densidade no laboratório de polímeros, de acordo com os códigos de prática ASTM. Os resultados são apresentados no quadro seguinte:

Quadro 3.1: Resultados dos ensaios em fibras de alcatifa

Sr No	PP PROPERTIES	Standard	UNIT	VALUE
1	Tensile Strength	ASTM D638	psi	4700
2	Density	ASTM D792	Kg/m^3	945
3	Reaction with water	-	-	Hydrophobic
4	Melting point	-	°C	170

Figura 3.4: Fibra típica de polipropileno para alcatifa

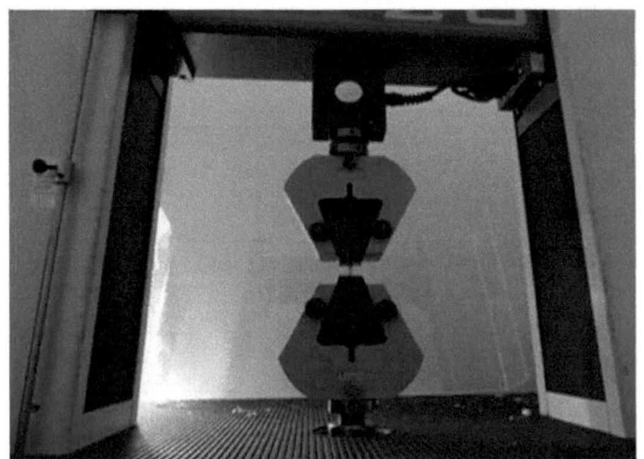

Figura 3.5: Ensaio de resistência à tração das fibras

As outras propriedades do polipropileno foram retiradas de outras indústrias e utilizadas como referência e os nossos resultados foram comparados com estes valores padrão. Estas propriedades são apresentadas na figura (TexWire, 2005).

3.4.2 Teste de trilho

O objetivo do ensaio de traço é controlar a conceção da mistura de betão para betão simples e também descobrir o comprimento ideal das fibras a utilizar na mistura para todos os lotes. Por conseguinte, o ensaio de traço foi realizado sem adicionar qualquer fibra de alcatifa e os resultados deste ensaio mostraram até que ponto a conceção da mistura é aceitável. Após o ensaio de traço para o betão simples, as fibras foram cortadas em diferentes comprimentos de 20 mm, 30 mm, 40 mm e 50 mm. Foram utilizados diferentes lotes de betão, adicionando fibras com estes comprimentos. A fricção volumétrica das fibras foi de 1% para todos os lotes. Para obter resultados mais precisos, todas as amostras para o ensaio de tração foram moldadas com 3 amostras de cubos de 100x100x100mm e todas as amostras foram testadas aos 7 dias.

PP Properties	ASTM	UNIT	PP
MECHANICAL PROPERTIES			
Specific Gravity	D792		.905
Elongation	D638	%	10~20
Tensile Strength	D638	psi	4,800
Flexural Strength	D790	psi	5,400
Compressive Strength	D695		6,000
Tensile Elastic Modulus (Young's Modulus)	D638	(10~5)psi	1.6
Flexural Modulus	D790	(10~5)psi	1.7~2.5
Hardness Durometer	D785	Rockwell R	80~110
Impact Strength IZOD 73°F/23°C	D256	notched ft/lbs/in	0.5~2.2
THERMAL PROPERTIES			
Melting Point		°C (°F)	121 (250)
Upper Service Temperature(20,000h)		°C (°F)	104 (220)
Flame Rating**		UL94	n.r.
Thermal Conductivity	C117	10~4 cal/sec/ cm^2.°C/cm	2.8
ELECTRICAL PROPERTIES			
Dielectric Constant	D150	1kHz	2.2~2.6
Dissipation Factor	D150	1kHz	0.0005~0.0018
Dielectric Strength	D149	125MILV.	475~660
Volume Resistivity	D257	ohm-cm at 73°F, 50% RH	10~17
GENERAL PROPERTIES			
Chemical/Solvent Resistance			Excellent
Water Absorption, 24h	D570	%	<0.03
RefractiveIndex			1.51~1.54
Arc Resistivity	D495	sec	100~160

Figura 3.6: Propriedades do polipropileno, (TexWire, 2005)

3.4.3 Programa experimental

Após a realização do ensaio de pista e a obtenção dos resultados, deu-se início ao programa experimental. Foi nesta fase que se estudaram os efeitos das fibras de alcatifa nas propriedades mecânicas e físicas do betão. Neste estudo foram utilizados quatro lotes de betão com 0,5%, 1,0%, 1,5% e 2,0% de fibras e um lote de betão simples como ensaio de controlo. Cada lote continha 9 cubos, 14 cilindros e 9 prismas e todos eles foram preparados de acordo com a norma ASTM C 192/C 192M - 07.

A relação água/cimento de 0,5 e a proporção de agregados foram mantidas constantes para todos os lotes e apenas a fração volumétrica de fibras foi alterada de 0% para 2% de fibras. A proporção das amostras é apresentada no quadro seguinte.

Tabela 3.2: Caraterísticas de várias misturas de betão (Todas as unidades em Kg/m^3)

Type of concrete	Free water	Cement	Fine Aggregate	Coarse Aggregate	Carpet fibers
PC	215	430	840	910	0
FRC 0.5%	215	430	840	910	4.725
FRC 1.0%	215	430	840	910	9.450
FRC 1.5%	215	430	840	910	14.175
FRC 2.0%	215	430	840	910	18.900

3.5 Tipos de testes

O betão é um dos materiais de construção mais importantes, pelo que todas as suas propriedades são igualmente importantes. Neste estudo, as propriedades frescas e endurecidas do betão com fibras de alcatifa foram investigadas e os resultados foram verificados com o ensaio de controlo.

3.5.1 Propriedades frescas

As propriedades mais importantes do betão no estado fresco são a trabalhabilidade, a densidade e também a sangria e a segregação do betão. Neste estudo, determinámos a densidade do betão nas fases fresca e endurecida. O ensaio de trabalhabilidade foi efectuado apenas através do ensaio de abatimento. A hemorragia e a segregação do betão foram verificadas através da inspeção visual.

3.5.1.1 Ensaio de abatimento

A trabalhabilidade é uma das propriedades mais importantes do betão fresco, podendo ser medida através de vários ensaios e o ensaio de abatimento é o mais prático e adequado para medir a trabalhabilidade. A Figura 3. Mostra o processo de medição e o equipamento do ensaio de abatimento de acordo com a norma BS EN 12350-2:2009. O valor do abatimento pode ser diferente em diferentes lotes com base na quantidade de fibras utilizadas, mas o valor do abatimento para este estudo variou entre 30-60 mm. O valor do abatimento indica a facilidade de compactação e de descarga do betão.

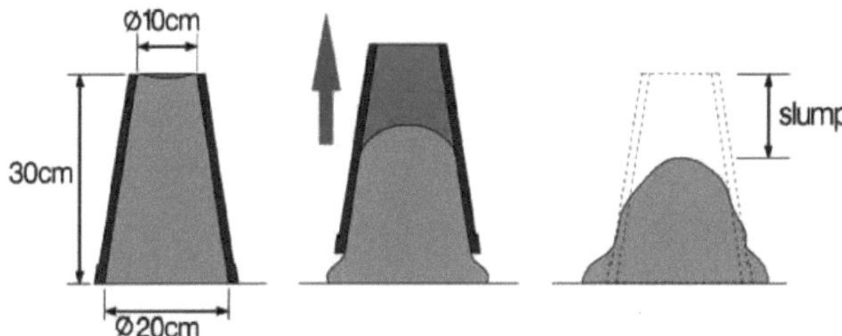

Figura 3.7: Equipamento de ensaio de abatimento.

Figura 3.8: Ensaio de abatimento.

3.5.1.2 Densidade

O ensaio de densidade foi realizado para todos os lotes através de amostras em cubo para o betão fresco, diretamente após o enchimento dos moldes e o processo de compactação. O ensaio de densidade foi efectuado de acordo com a norma BS 1881: Parte 107 (1983). Os cubos de betão foram pesados com uma máquina de pesagem e a massa foi registada em quilogramas. A densidade do betão fresco foi calculada de acordo com a fórmula abaixo:

$$D = \frac{Mc - Mm}{Vm} \quad [1]$$

Onde

M_c= massa de betão

M_m= massa do molde cheio de betão

V_m= volume do molde

Figura 3.9: Ensaio de densidade do betão fresco.

3.5.1.3 Segregação e hemorragia

Na prática, não existe nenhum teste ou experiência codificada para determinar a segregação e a sangria do betão no estado fresco. Estas duas propriedades do betão fresco só podem ser inspeccionadas visualmente durante a mistura e a moldagem. O aparecimento excessivo de água na superfície superior do betão e a separação dos agregados grossos dos finos durante a mistura e a moldagem devem ser controlados para evitar o fenómeno de sangramento e segregação na mistura de betão, o que leva a melhorar as propriedades endurecidas do betão.

3.5.2 Propriedades endurecidas

Na primeira fase, foram realizadas neste estudo as propriedades mecânicas do betão endurecido, tais como a resistência à compressão, a resistência à tração e a resistência à flexão e, em seguida, a retração e o ensaio não destrutivo. Todos os ensaios sobre as propriedades mecânicas foram realizados nas idades de 1, 7 e 28 dias, carregando as amostras até à ruína e, em seguida, os resultados foram recolhidos e os dados foram analisados para obter os resultados e as conclusões. Os ensaios de retração e de velocidade de impulso ultrassónico (UPV) foram realizados após 28 dias de cura.

3.5.2.1 Ensaio de resistência à compressão

A resistência à compressão do betão foi determinada de acordo com a norma BS 1881-116 (1983). As amostras foram moldadas em cubos de 100x100x100 mm e foram testadas até à rotura numa máquina de ensaio de compressão que é mostrada na figura 3.10. Durante o ensaio, a carga foi aumentada continuamente a uma taxa de 0,5 N/ (s.mm^2) até a amostra falhar e a carga na qual o cubo falhou foi registada e convertida na resistência à compressão.

Após os ensaios, os dados obtidos foram analisados e apresentados num formato relacionado. O modo de falha e o padrão de fissuras de todas as amostras também foram avaliados para comparar e analisar os efeitos das fibras de alcatifa na mistura de betão.

Figura 3.10: Ensaio de resistência à compressão com amostra de cubo.

3.5.2.2 Ensaio de resistência à tração por rutura

É o ensaio padrão para determinar a resistência à tração do betão de uma forma indireta. Este ensaio pode ser realizado de acordo com a norma ASTM C 496C/496M-11 (2011). Um cilindro de ensaio padrão de amostra de betão (200 mm X 100 mm de diâmetro) foi colocado horizontalmente entre as superfícies de carga da máquina de ensaio de compressão (Fig-3.11). A carga de compressão foi aplicada diametralmente e uniformemente ao longo do comprimento do cilindro até à rotura do cilindro ao longo do diâmetro vertical. Para permitir a distribuição uniforme desta carga aplicada e para reduzir a magnitude das elevadas tensões de compressão perto dos pontos de aplicação desta carga, são colocadas tiras de contraplacado entre o provete e as placas de carga da máquina de ensaio. Os cilindros de betão dividem-se em duas metades ao longo deste plano vertical devido à tensão de tração indireta gerada pelo efeito de Poisson.

Devido a esta carga de compressão, um elemento situado ao longo do diâmetro vertical do cilindro é sujeito a uma tensão de compressão vertical e a uma tensão horizontal (Fig. 3.3). A condição de carregamento produz uma tensão de compressão elevada imediatamente abaixo dos pontos de carregamento. Mas a parte maior do cilindro, correspondente à sua profundidade, é

sujeito a uma tensão de tração uniforme que actua horizontalmente. Estima-se que a tensão de compressão actua em cerca de 1/6 da profundidade e os restantes 5/6 da profundidade estão sujeitos a tensão devido ao efeito de veneno. Assumindo que o provete de betão se comporta como um corpo elástico, uma tensão de tração lateral uniforme de T actuando ao longo do plano vertical provoca a rotura do provete, que pode ser calculada a partir da fórmula (Gambir, 2004) :

$$T = \frac{2P}{\pi LD} \qquad [2]$$

Onde:

T = resistência à tração por rutura [MPa]

P = carga de compressão na rotura

L = comprimento do cilindro

D = diâmetro do cilindro

O resultado do ensaio acima representa a "resistência à tração por rutura" do betão, que varia entre 1/8 e 1/12 da resistência à compressão do cubo.

Figura 3.11: Ensaio de resistência à tração por rutura.

3.5.2.3 Teste de resistência à flexão

Após o ensaio de tração por rutura, outro ensaio comum realizado para determinar a resistência à tração é o ensaio de flexão. O ensaio pode ser efectuado de acordo com a norma BS 1881-118 (1983). Uma viga simples de betão simples é carregada em pontos de um terço do vão. O tamanho normal da amostra é de 100x100x500 mm. O vão da viga é três vezes a sua profundidade.

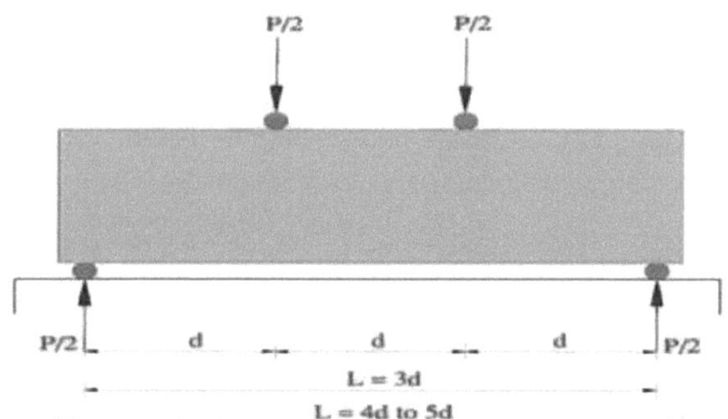

Figura 3.12: Ensaio de resistência à tração por flexão: (Viga com carga de dois pontos a um terço do seu vão).

A disposição típica para o ensaio é mostrada na Fig-3.4 acima. Foram aplicadas cargas iguais à distância de um terço de ambos os apoios da viga. Isto induz uma reação igual à carga em ambos os apoios. À medida que a carga aumenta, se a fratura ocorrer no terço médio da viga, a tensão de tração máxima atingida é denominada "módulo de rutura" R e é calculada a partir da fórmula de flexão padrão:

$$R = \frac{PL}{bd^2} \qquad [3]$$

Onde:

R = resistência à flexão [MPa]

P = carga na rotura

L = comprimento do vão

b = largura média do provete, mm

d = profundidade média do provete, mm

O parâmetro visado neste ensaio foi a resistência à flexão e também o padrão de fissuração e o modo de falha do betão foram avaliados durante o ensaio.

3.5.2.4 Ensaio de velocidade de impulso ultrassónico (UPV)

O exame ultrassónico é um teste de avaliação não destrutivo reconhecido para avaliar qualitativamente a homogeneidade e a integridade do betão. Com esta técnica, podem ser avaliados os seguintes aspectos:

- Avaliação qualitativa da resistência do betão, da sua gradação em diferentes locais dos elementos estruturais e elaboração do respetivo gráfico.
- Qualquer descontinuidade na secção transversal, como fissuras, delaminação do betão de cobertura, etc.
- Profundidade das fissuras superficiais.

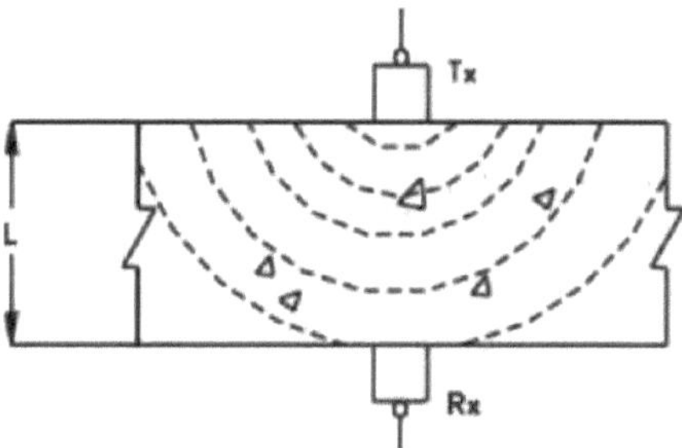

Figura 3.13: Método de transmissão direta (Tx: Transmissor, Rx: Recetor).

Este ensaio consiste essencialmente na medição do tempo de percurso, T, de um impulso ultrassónico de 50 a 54 kHz, produzido por um transdutor electro-acústico, mantido em contacto com uma superfície do elemento de betão em ensaio e recebido por um transdutor semelhante em contacto com a superfície na outra extremidade. Com o comprimento do trajeto L, (isto é, a distância entre as duas sondas) e o tempo de percurso T, calcula-se a velocidade do impulso (V=L/T) (fig.3.13). Quanto maior for o módulo de elasticidade, a densidade e a integridade do betão, maior será a velocidade do impulso. A velocidade do impulso ultrassónico depende da densidade e das propriedades elásticas do material a ensaiar.

Nesta pesquisa, apenas as amostras cilíndricas com 30 dias de idade foram testadas quanto aos valores de UPV de acordo com a ASTM C597-09 (2009). O tempo e a distância percorridos pelo impulso foram registados e a velocidade do impulso foi então calculada utilizando a fórmula abaixo:

$$V = \frac{L}{T} \qquad [4]$$

Onde

V= velocidade de impulso, m/s

L= comprimento da trajetória, m

T= tempo de trânsito, s

3.5.2.5 Retração

A remoção de água do betão armazenado ao ar não saturado provoca a retração por secagem. Uma parte deste movimento é imutável e deve ser distinguida do movimento reversível da humidade causado pelo armazenamento alternado em condições secas e húmidas (Neville, 2002).

Os ensaios de retração foram realizados de acordo com a norma ASTM C157/C157-08 (2008) "Standard Test Method for Length Change of Hardened Hydraulic-Cement Mortar and Concrete". Os provetes de retração tinham 100 mm de diâmetro e 200 mm de comprimento e foram moldados nas mesmas condições que os outros ensaios. Os provetes foram inicialmente sujeitos às mesmas condições de cura durante as primeiras 24 horas (temperatura e humidade) e depois curados na água durante 28 dias. Após 28 dias, os provetes foram retirados da água e as suas superfícies foram limpas com lixas de modo a ficarem lisas e sem qualquer rugosidade para colar as pontas Demec com cola líquida especial à superfície do cilindro de betão. O provete foi dividido em quatro partes iguais por linhas e os dois pontos Demec foram colados em cada linha a 50 mm e 150 mm da face superior das amostras, como mostra a figura 3.14.

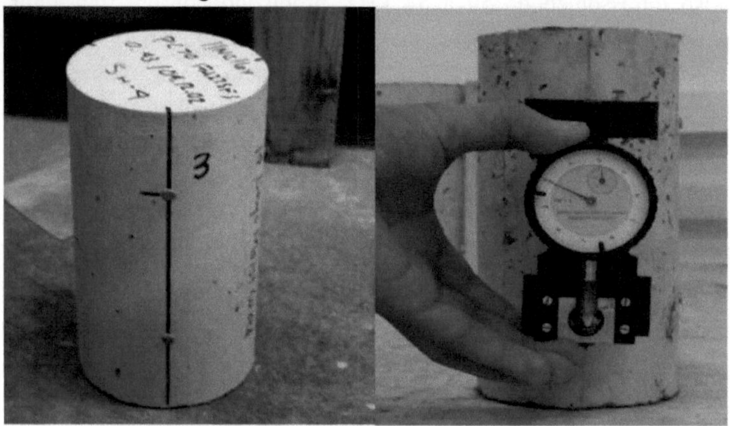

Figura 3.14: Provete de ensaio de retração.

As leituras iniciais do comprimento foram efectuadas com o extensómetro Demec de 100 mm após a imersão. A norma ASTM C-157 especifica que, após as leituras iniciais, como indicado na figura 3. os espécimes devem ser armazenados numa sala com 23 °C ± 1,5 °C e, em seguida, foram efectuadas leituras sucessivas de comprimento aos 2, 5, 10, 15, 20, 25 e 30 dias após 28 dias de cura, de acordo com a especificação ASTM

CAPÍTULO 4

RESULTADOS E DISCUSSÃO

4.1 Introdução

A razão mais importante para adicionar qualquer tipo de fibra é melhorar as propriedades do betão em termos de resistência e durabilidade. Por conseguinte, a utilização de fibras de alcatifa de resíduos industriais no betão alterará, obviamente, algumas das propriedades do betão, quer sejam efeitos úteis ou adversos, mas neste estudo procurámos efeitos que possam melhorar algumas propriedades do betão.

Neste capítulo, serão apresentados e discutidos os resultados dos programas experimental e de ensaio. No ensaio de trajeto, o principal objetivo era descobrir o comprimento e a relação de aspeto ideais das fibras que foram utilizadas no trabalho experimental. Foram efectuados ensaios de trabalhabilidade e compressão, bem como uma inspeção visual para detetar hemorragias e segregação, e, finalmente, o comprimento ideal das fibras foi decidido com base nestes resultados.

Após a recolha e análise dos resultados dos ensaios de traço, foram efectuadas algumas alterações a esses dados e, em seguida, iniciou-se o programa experimental. No programa experimental, foram realizados ensaios de densidade e trabalhabilidade do betão fresco e ensaios de resistência à compressão, resistência à tração por compressão, resistência à flexão, velocidade de pulso ultrassónico (UPV) e retração. Os resultados de todos os ensaios serão apresentados e discutidos neste capítulo.

4.2 Teste de trilho

A principal razão para realizar o ensaio de traço foi obter o comprimento ótimo das fibras utilizadas nesta investigação e verificar se o desenho da mistura e a proporção utilizada eram capazes de atingir as caraterísticas desejadas de resistência da mistura de betão. Nesta fase, foram realizados quatro lotes de betão com os comprimentos variáveis de 20, 30, 40 e 50 milímetros e a mesma fração volumétrica de 1%, tendo sido analisados os resultados de diferentes ensaios, como os de trabalhabilidade e compressão. Por conseguinte, foram selecionadas fibras com 30 mm de comprimento e uma relação de aspeto de 670 para utilização em todo o programa experimental.

4.2.1 Trabalhabilidade

Esperava-se que a variação do comprimento das fibras com a mesma fração volumétrica alterasse as propriedades do betão. A trabalhabilidade é uma destas propriedades que se altera com a variação do comprimento das fibras, pelo que é importante verificar e monitorizar o comprimento ideal. A mistura foi projectada para ter um valor de abatimento no intervalo de 30-60 mm. Quando se adicionou 1% de fibras de alcatifa com diferentes comprimentos à mistura de betão, tornou-se muito difícil trabalhar com o aumento do comprimento das fibras e o valor do abatimento foi diminuindo, mesmo com um comprimento de 50 mm quase nulo. A partir do ensaio de abatimento, foram obtidos os resultados apresentados na figura 4.1.

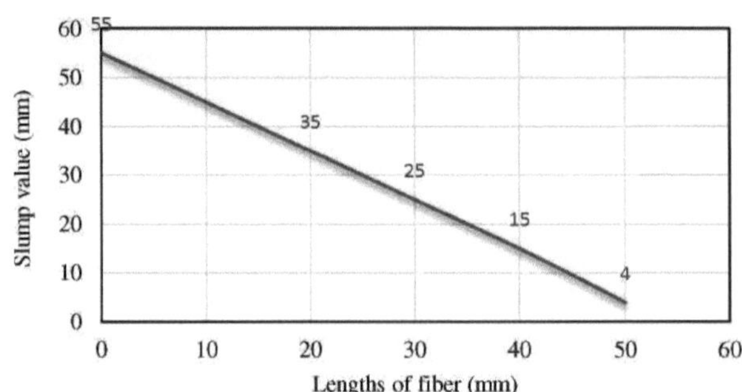

Figura 4.1: Valor do abatimento versus comprimento das fibras.

A Figura 4.1 mostra a relação entre o valor do abatimento e o comprimento das fibras. Para o betão sem fibras, o valor do abatimento está dentro do intervalo desejado. Ao adicionar 1% de fibras de 20 mm à mistura, o valor do abatimento diminui até 40%, o que indica o efeito perturbador das fibras na trabalhabilidade do betão. Ao aumentar o comprimento do conteúdo de fibras, a trabalhabilidade diminui e o valor do abatimento é pequeno. O gráfico mostra que, quanto maior for a quantidade de fibras de alcatifa, menor é a trabalhabilidade do betão. Esta tendência foi comprovada por Wang, et al. (Wang, Wu, & Li, 2000), na sua investigação para estudar as propriedades do betão contendo fibras de alcatifa.

4.2.2 Eficiência de comprimento e efeitos de orientação

Ao considerar as propriedades do betão reforçado com fibras, devem ser introduzidos dois importantes factores de eficiência:

- O fator de eficiência do comprimento
- Fator de orientação

O fator de eficiência do comprimento descreve o efeito do comprimento da fibra na eficiência do betão reforçado com fibras. O fator de orientação descreve o efeito da orientação das fibras na resistência do compósito. A forma de colocação e a direção das fibras são parâmetros muito importantes no FRC, porque estão a ligar e a ligar as partículas de betão umas às outras para obter um betão forte em termos de resistência à tração e à flexão, pelo que a seleção de um comprimento de fibra que proporcione estes factores é muito importante e significativa para melhorar as propriedades do betão.

Neste estudo, considerámos estes dois factores e, em seguida, a fibra de 30 mm de comprimento liderou estes dois factores em comparação com outras categorias. Ao aumentar o comprimento das fibras, as fibras são enroladas e torcidas umas nas outras, o que pode criar uma enorme quantidade de porosidade na mistura de betão e reduzir a resistência e a durabilidade. Outro problema causado pelo aumento do comprimento das fibras é a redução da interação entre os agregados grosseiros e a pasta de cimento, porque os agregados grosseiros foram restringidos pelas fibras.

4.2.3 Seleção da fração volumétrica de fibras de alcatifa

Para atingir os objectivos deste estudo, é importante selecionar as diferentes percentagens de fibras que podem contribuir para a melhoria das propriedades físicas e mecânicas do betão. De acordo com as investigações e estudos anteriores sobre o betão reforçado com fibras, decidimos adicionar uma gama de 0,5%-2% de fibras por volume total de betão. A razão para selecionar este intervalo de fração volumétrica deve-se ao facto de, nos estudos anteriores, apenas terem utilizado um pequeno volume de fibras de alcatifa na mistura de betão e também terem trabalhado com um determinado comprimento de fibras, pelo que, neste estudo, foram considerados diferentes comprimentos de fração volumétrica. Nesta investigação, tendo em conta o risco de a adição de uma maior fração volumétrica de fibras poder aumentar a possibilidade de efeitos inversos nas propriedades do betão, como a trabalhabilidade e a resistência à compressão, e também de acordo com os principais objectivos deste estudo, que são a resistência à tração e à flexão do betão, esta gama de fracções volumétricas foi selecionada e utilizada no programa experimental.

4.3 Programa experimental

Após o ensaio de traços e a preparação de todos os itens que devem ser utilizados na fase seguinte, foi iniciado o programa experimental propriamente dito para estudar os efeitos das fibras de alcatifa nas propriedades físicas e mecânicas do betão. Os ensaios e a preparação dos materiais no programa experimental são mais abrangentes, de acordo com os diferentes códigos de prática normalizados. Incluiu mais equipamento, amostras e numerosos tipos de ensaios em várias idades. Esta secção será dividida em duas partes, propriedades do betão na fase fresca e também na fase endurecida, e serão analisados diferentes resultados de ensaios para estas duas fases. Na fase fresca, serão discutidos os resultados da densidade, trabalhabilidade e segregação e as propriedades mecânicas e também os ensaios não destrutivos e de retração para a fase endurecida.

4.3.1 Trabalhabilidade e densidade

Depois de considerarmos os componentes do betão, devemos agora abordar as propriedades do betão acabado de misturar. Uma vez que o desempenho e as propriedades a longo prazo do betão endurecido, como a resistência e a durabilidade, são seriamente afectados pelo seu grau de compactação, é vital que a fluência ou trabalhabilidade do betão fresco seja tal que o betão possa ser adequadamente compactado e também que possa ser transportado, colocado e acabado com facilidade, sem segregação, o que seria prejudicial a essa compactação (Neville, 2010). A trabalhabilidade está diretamente relacionada com o grau de compactação do betão, pelo que um betão bem compactado tem de ser mais trabalhável para evitar a presença de vazios no betão, o que pode reduzir a densidade do betão e diminuir consideravelmente a resistência e a durabilidade. Com a combinação de fibras de alcatifa no betão, é importante verificar como estes materiais afectam as propriedades do betão fresco, tais como a trabalhabilidade e a densidade sob diferentes fracções de volume. Os ensaios de abatimento e de densidade foram efectuados para todos os lotes e os resultados são apresentados na tabela seguinte.

Tabela 4.1: Densidade de várias misturas de betão.

Type of concrete	Density (kg/m^3)	Reduction of density with relative to PC (%)
PC	2385	0
0.5% FRC	2328	2.40
1.0% FRC	2290	4.0
1.5% FRC	2210	7.30
2.0% FRC	2150	9.85

Notas: PC: Betão simples, FRC: Betão reforçado com fibras (contendo fibras de alcatifa).

As fibras utilizadas neste estudo são fibras de polipropileno para alcatifa com uma densidade de 945 kg/m^3, adicionadas ao betão de densidade normal, que é de 2400 kg/m^3, e, ao analisar a densidade destes dois materiais, é óbvio que a densidade do betão que contém estas fibras será significativamente afetada. Este facto deve-se principalmente à baixa densidade das fibras de polipropileno. Os resultados são apresentados graficamente como se segue.

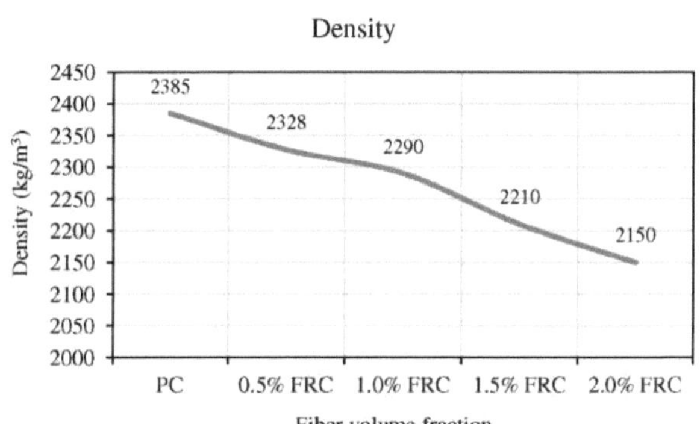

Figura 4.2: Variação da densidade com a fração de volume (V_f%).

A densidade do betão, que está relacionada com os seus componentes, varia com a alteração das proporções dos componentes e dos próprios materiais. Nesta investigação, a utilização de fibras de alcatifa com baixa densidade diminui a densidade do betão simples. Como mostra a figura 4.2, a densidade do betão diminui com o aumento da fração volumétrica das fibras de alcatifa. Por exemplo, para 0,5% de fibras, a densidade diminui 2,39%, o que se verifica quando se adiciona uma maior percentagem de fibras, sendo que, para 2% de fibras, a densidade diminui quase 10%. Isto indica que a utilização destas fibras no betão pode reduzir o seu peso em comparação com o mesmo tipo de betão sem fibras. Mas esta redução da densidade pode causar porosidade no betão se o processo de compactação não for feito corretamente.

A partir do ensaio de abatimento, os resultados são apresentados na tabela 4.2 e a trabalhabilidade dos diferentes tipos de betão é estudada. Na mistura de betão, as fibras de alcatifa podem atuar como um agente de perturbação em termos de trabalhabilidade e compactação, pelo que é necessário verificar a fluência do betão adicionando-lhe fibras. A relação entre a trabalhabilidade e a fração volumétrica é apresentada na figura 4.3.

Tabela 4.2: Variação dos valores de Slump com o volume de fibra (V_f%).

Type of concrete	Slump value (mm)
PC	55
0.5% FRC	40
1.0% FRC	20
1.5% FRC	15
2.0% FRC	10

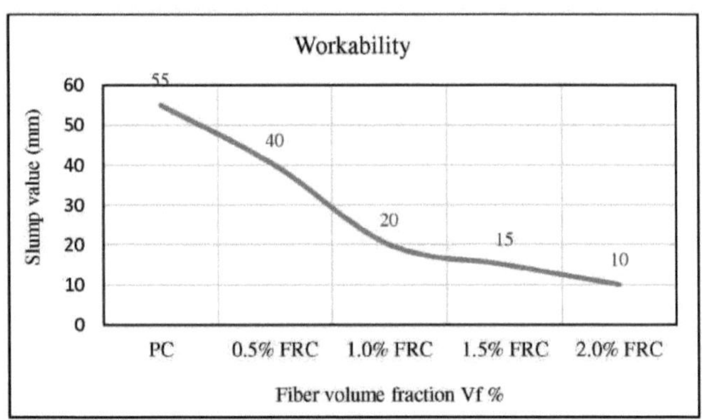

Figura 4.3: Valores de abatimento versus fração de volume (V_f%).

De acordo com os valores do abatimento, em comparação com o betão simples (PC), pode observar-se uma redução significativa da trabalhabilidade do betão com fibras de alcatifa. (Wang, Wu, & Li, 2000), a adição de fibras de alcatifa afecta a trabalhabilidade do betão. A partir do gráfico, pode ver-se que 0,5% de FRC atinge um valor de abatimento muito inferior ao do betão simples, que é quase 34% menor. Ao aumentar a fração volumétrica de fibras, os valores de abatimento diminuem drasticamente e, para a percentagem máxima de fibras, o valor é quase nulo ou, por outro lado, a mistura de betão não é de todo trabalhável. Como resultado, as fibras de alcatifa diminuíram significativamente a trabalhabilidade do betão, criando problemas em termos de compactação e colocação do betão. No entanto, a trabalhabilidade do betão que contém fibras de alcatifa pode ser melhorada utilizando uma certa quantidade de superplastisicador, mas nesta investigação não utilizámos quaisquer aditivos químicos, no entanto, isso pode ser estudado em investigações futuras.

4.3.2 Hemorragia e segregação

A segregação pode ser definida como a separação dos componentes de uma mistura heterogénea, de modo a que a sua distribuição deixe de ser uniforme. No caso do betão, são as diferenças na dimensão e combinação das partículas que são a principal causa da segregação, mas a sua extensão pode ser controlada e reduzida pela seleção de uma classificação adequada e por cuidados e supervisão. Na mistura de betão, existem duas formas principais de segregação. Na primeira categoria, os agregados grossos e as partículas tendem a separar-se, uma vez que se deslocam mais ao longo de um declive ou assentam mais do que os agregados finos e as partículas. Outra forma de segregação, que ocorre particularmente em misturas húmidas, é estabelecida pela separação da calda de cimento da mistura (Neville, 2010).

Nesta investigação, ao adicionar fibras de alcatifa à mistura de betão sem qualquer superplastificante, a mistura tornou-se demasiado seca e pouco trabalhável, pelo que, de acordo com a teoria, ocorreu a primeira forma de segregação, o que significa que as partículas grosseiras tendiam a separar-se das outras partículas da mistura, porque as partículas mais finas, como a areia e o cimento, aderiam às fibras e impediam a mistura adequada de todas as partículas. Este fenómeno é mais evidente quando se aumenta a fração volumétrica das fibras e tende a diminuir as resistências à compressão, à tração e à flexão do betão.

A hemorragia, também conhecida como ganho de água, é uma forma de segregação em que parte da água na mistura de betão tende a subir para a superfície superior do betão fresco (Neville, 2010). Com a adição de fibras de alcatifa à mistura de betão e a redução da trabalhabilidade, o fenómeno de sangramento não foi observado no programa experimental.

4.3.3 Resistência à compressão

As misturas de betão podem ser concebidas para proporcionar uma vasta gama de propriedades mecânicas e de durabilidade, de modo a satisfazer os requisitos de conceção de uma estrutura. A resistência à compressão do betão é a medida de desempenho mais comum utilizada pelos engenheiros na conceção de edifícios e outras estruturas. A resistência à compressão é medida travando provetes de betão em cubos numa máquina de ensaio de compressão. A resistência à compressão é calculada a partir da carga de rutura dividida pela área da secção transversal que resiste à carga e comunicada em unidades de megapasgal (MPa) em unidades SI.

Os efeitos das fibras de alcatifa na resistência à compressão do betão devem ser analisados cuidadosamente, uma vez que esta é uma das propriedades mecânicas mais importantes do betão. Os resultados da resistência à compressão de todos os lotes são apresentados na tabela 4. Para observar os efeitos destas fibras na resistência à compressão do betão em função da idade do betão, são traçados gráficos e os resultados são analisados e comparados com os do betão simples para ver as diferenças.

Tabela 4.3: Desenvolvimento da resistência à compressão de diferentes misturas de betão.

Types of Concrete	1 Day	7 Days	28 Days
PC	23.4	38.2	46.5
0.5% FRC	19.9	34.1	42.7
1.0% FRC	15.2	28.7	29.1
1.5% FRC	18	29.3	30.7
2.0% FRC	11.4	21.7	25.5

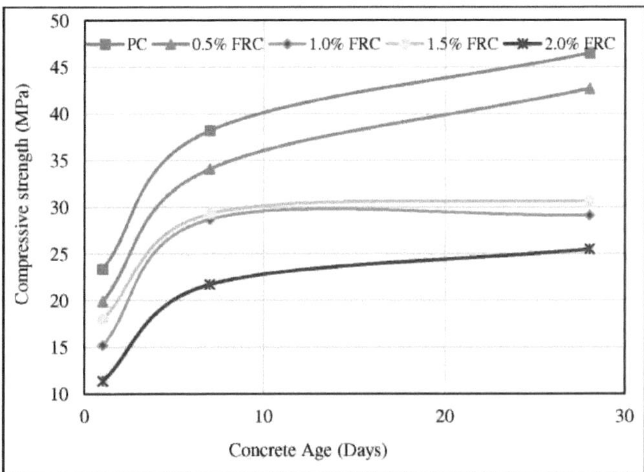

Figura 4.4: Resistência à compressão versus idade do betão.

Tabela 4.4: Resistência à compressão relativa do betão com fibra de alcatifa e do betão simples.

Types of Concrete	Compressive strength at 28 Days (MPa)	Reduction with relative to PC (%)
PC	46.5	0
0.5% FRC	42.7	8.3
1.0% FRC	29.1	37.5
1.5% FRC	30.7	34.1
2.0% FRC	25.5	45.2

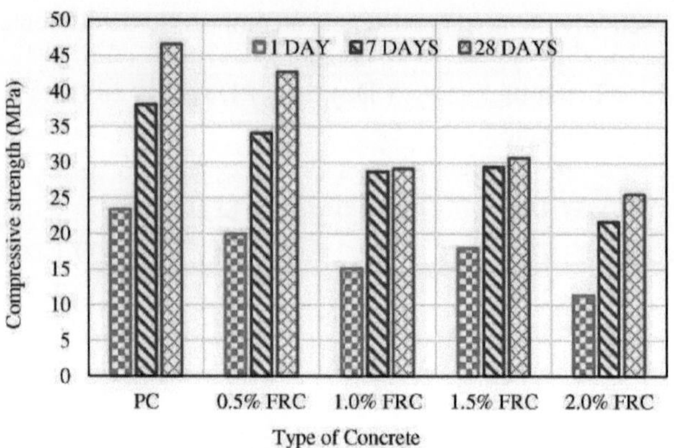

Figura 4.5: Resistência à compressão versus tipo de betão.

Como se pode ver na tabela 4 e na figura 4, a resistência à compressão de todas as misturas de betão aumentou com a idade do betão. Este aumento da resistência à compressão era esperado para o betão simples até 47 MPa, mas para as outras misturas que contêm diferentes percentagens de fibra de alcatifa não houve um aumento significativo em comparação com o PC na maioria das misturas.

Ao aumentar a fração volumétrica de fibras, a resistência à compressão foi reduzida. Estas reduções da resistência de 0,5% de fibras são apenas de cerca de 9%, o que pode ser aceite para algumas exigências deste tipo de betão. Estas reduções não foram graduais e suaves para as outras misturas, que ao adicionar 1% de fibras a resistência à compressão foi reduzida em quase 37%. Esta redução súbita da resistência à compressão do betão não pode ser aceite. Para 1,5% de fibras, a taxa de redução foi alterada e a resistência à compressão foi aumentada em comparação com 1% de FRC, mas esta alteração não foi notável. Para 2% de fibra, a resistência foi reduzida drasticamente até 45% em comparação com o PC. Acredita-se que os 9% de redução sejam causados pela inclusão de 0,5% de fibras de carpete. Mas uma redução de 45% não era esperada com a adição de 2% de fibras, e pode dever-se à presença de vazios devido à colocação incorrecta das fibras e também devido à segregação em que os agregados grosseiros não foram misturados uniformemente com outras partículas.

A contribuição das fibras de alcatifa para a resistência à compressão do betão foi também estudada por Wang, et al. (Wang, Wu, & Li, 2000) (Wang, 1997), João (João, 2009), e Vilkner, et al. (Vilkner & Meyer, 2002) nas suas respectivas investigações. As fibras de alcatifa provêm principalmente de materiais de baixa densidade que possuem uma boa resistência à tração, pelo que são utilizadas no betão. Na investigação realizada por Miraftab (Miraftab, 1999), ficou provado que a utilização de fibras de alcatifa na mistura de betão reduziu a resistência à compressão do betão e a taxa de redução depende da dosagem e também do tipo de fibras. No entanto, as fibras de alcatifa podem ser utilizadas no betão até uma determinada dosagem em condições adequadas para obter as propriedades desejadas da mistura de betão. A partir do modo de falha do betão com e sem fibras de alcatifa sob carga de compressão, observou-se também que a inclusão de fibras de alcatifa pode afetar a integração e também o comportamento de travagem da mistura de betão.

Ao ensaiar o betão simples sob carga de compressão até à rotura, os provetes de cubo utilizados foram imediatamente esmagados sob a forma de jato de areia em pequenos pedaços e formaram um cone, como se mostra na figura 4.7. Este modo de esmagamento é um dos pontos fracos do betão durante a aplicação da carga. Com a adição de fibras de alcatifa, evitou-se a falha súbita dos provetes de betão sob carga de compressão. As fibras de alcatifa interligaram as partículas de betão e, por ação de ponte, mantiveram o betão integrado e o modo de rutura foi totalmente diferente em comparação com o betão simples. Ao aumentar a fração volumétrica das fibras, esperava-se que a forma das fissuras e o modo de rotura estivessem de acordo com o modo de rotura padrão para as amostras de cubo sob carga de compressão e que as peças esmagadas não estivessem separadas, que as partículas de betão estivessem mais presas umas às outras e que a rotura ocorresse suavemente numa fração volumétrica mais elevada de fibras. As diferenças no modo de rotura sob carga de compressão para o betão simples e para o betão com fibras de alcatifa são apresentadas na figura 4.8.

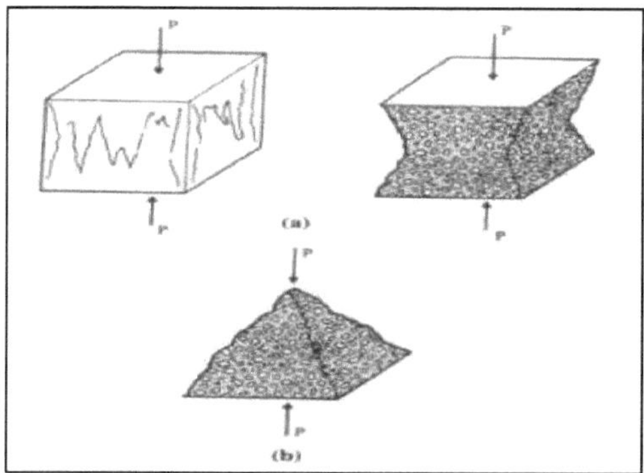

Figura 4.6: Rotura normal do cubo sob carga de compressão.

Figura 4.7: Rotura do betão simples sob carga de compressão.

Figura 4.8: Rotura do betão com fibras de alcatifa sob carga de compressão.

Como resultado, a adição de fibras de alcatifa não tem um efeito positivo na melhoria da resistência à compressão do betão, mas melhora a ductilidade do betão em termos de atraso no tempo de falha e também evita a separação de peças partidas ao aplicar a carga e evita o tipo de falha frágil por ação de ponte das fibras, que é o efeito positivo destas fibras no comportamento da mistura de betão.

4.3.4 Resistência à tração por rutura

A resistência à tração é uma propriedade importante do betão porque as estruturas de betão são altamente vulneráveis à fissuração por tração devido a vários tipos de efeitos e ao próprio carregamento aplicado. No entanto, a resistência à tração do betão é muito baixa em comparação com a sua resistência à compressão. Devido à dificuldade de aplicar uma tensão uniaxial a um provete de betão, a resistência à tração do betão é determinada pelo método de ensaio indireto do ensaio de tração por rutura. Como o betão é fraco em termos de resistência à tração, a adição de fibras pode melhorar esta fraqueza. As fibras de alcatifa foram adicionadas ao betão com a intenção de melhorar a resistência à tração do betão. O ensaio de resistência à tração por fratura foi realizado para verificar os efeitos das fibras de alcatifa nesta propriedade do betão. Os resultados destes ensaios são apresentados sob a forma de tabela e gráfico, como se segue.

Tabela 4.5: Resistência à tração por compressão de diferentes tipos de betão

Splitting Tensile Strength (MPa)			
Types of Concrete	1 Day	7 Days	28 Days
PC	1.65	2.2	2.7
0.5% FRC	1.80	2.8	3.1
1.0% FRC	1.95	2.7	3.3
1.5% FRC	2.10	2.9	3.5
2.0% FRC	1.90	2.6	3.0

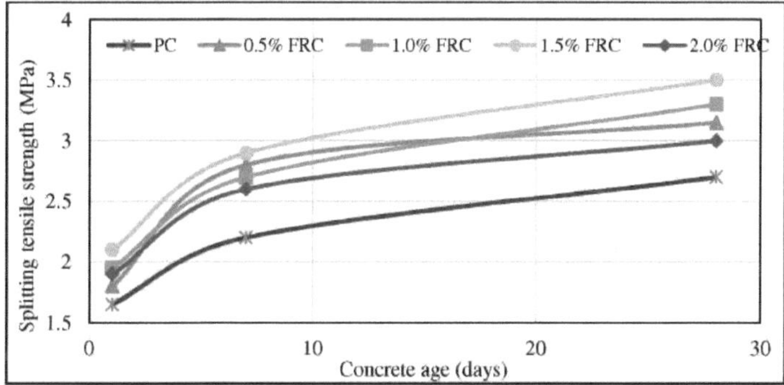

Figura 4.9: Resistência à tração por compressão versus idade do betão

Tabela 4.6: Aumento relativo da resistência à tração por compressão do betão com fibras de alcatifa em comparação com o betão simples aos 28 dias de idade.

Type of concrete	28 Days (MPa)	Improvement of splitting tensile strength (%)
PC	2.7	100
0.5% FRC	3.1	114.7
1.0% FRC	3.3	122.8
1.5% FRC	3.5	130.4
2.0% FRC	3.1	117.7

Os resultados do ensaio de tração por compressão para diferentes lotes de betão são apresentados no quadro 4.5 e o aumento da resistência à tração por compressão do betão em relação ao betão simples aos 28 dias é apresentado no quadro 4.6

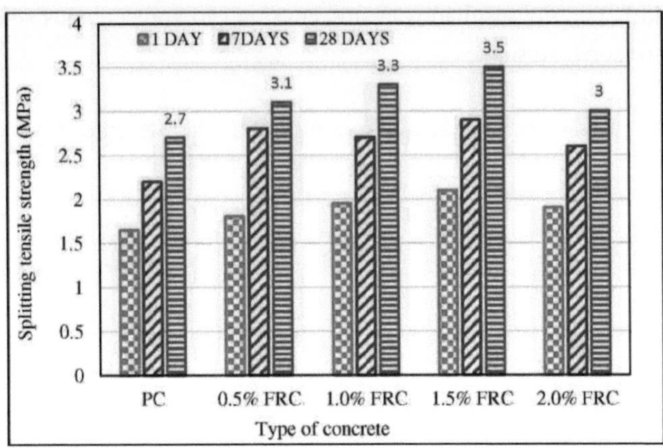

Figura 4.10: Resistência à tração por compressão versus tipo de betão

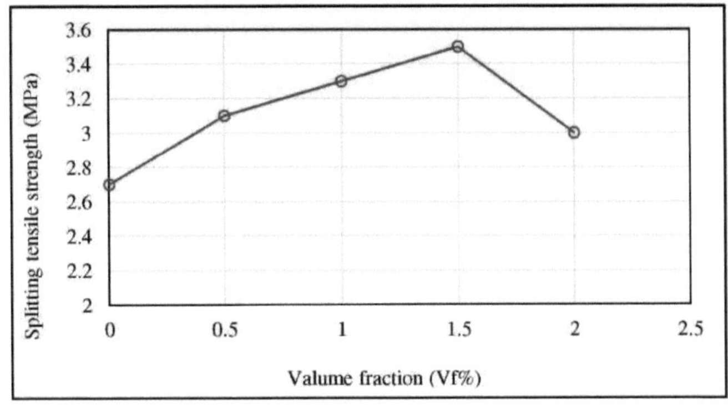

Figura 4.11: Resistência à tração por rutura versus fração de volume

Como se pode ver na figura 4.9, a resistência à tração por compressão do betão com fibras de alcatifa em diferentes fracções volumétricas aumentou em todos os lotes de betão. Ao adicionar apenas 0,5% de fibras, a resistência à tração por compressão aumentou quase 14% em comparação com o betão simples. O aumento da fração de volume aumentou a resistência à tração para 1% e 1,5% de fibras até 30% com 1,5% de fibras. Mas esta taxa inverteu-se com a adição de mais percentagem de fibras, de modo que para 2% de fibras desceu para quase 17%. Todos estes dados indicam a melhoria da resistência à tração por rutura do betão através da utilização de fibras de alcatifa. A resistência máxima à tração foi obtida para 1,5% de fibras, com um aumento de quase 30% em comparação com o betão simples . Mas para esta gama de fração volumétrica, a resistência à compressão do betão diminuiu quase 34%, pelo que, como a resistência à compressão é uma das propriedades mais importantes do betão, pode criar problemas em termos de resistência à compressão do betão. No entanto, para 0,5% do volume da fração, a redução da resistência à compressão é de apenas 8% e a resistência à tração por rutura aumentou 14%. Os efeitos das fibras de alcatifa na melhoria da resistência à tração por compressão do betão foram apoiados por Lave et al. (Lave, Noellette, & James, 1998) e Wang (Wang, 2006).

Quando os espécimes de betão foram sujeitos a tensão de tração indireta, as fibras de alcatifa absorveram a força de tração para evitar que o betão fissurasse e derramasse. No betão simples, ao aumentar a carga, o espécime cilíndrico parte-se repentinamente e divide-se em dois pedaços, mas no betão com fibras de alcatifa, à medida que a carga aumentava e se geravam fissuras, a ação de ponte das fibras reduzia a taxa de geração de fissuras e, na rotura, o espécime simplesmente falhava, produzindo fissuras a todo o comprimento da amostra. Ao aumentar a fração de volume, o comprimento das fissuras foi reduzido. Todos os espécimes de betão com fibras de alcatifa permaneceram intactos após a rotura e a rotura ocorreu apenas através da produção de fissuras ao longo do comprimento da amostra, em comparação com o betão simples, cuja rotura ocorreu ao partir os espécimes em dois pedaços. Comparando a superfície de fratura dos espécimes de betão simples e do betão com fibras de alcatifa na figura 4, pode ver-se que a superfície de fratura do PC é mais lisa e regular do que a do FRC. Os planos de fratura atravessaram os agregados e também se desenvolveram ao longo da interface entre os agregados e a pasta de cimento em todos os lotes. Com a adição de fibras de alcatifa, observou-se um arrancamento de fibras ao longo da superfície de fratura do betão armado com fibras em todos os casos, mas foi maior nas amostras com maior fração volumétrica. Além disso, o betão que contém fibras de alcatifa contém mais vazios de ar nas suas misturas do que o betão com PC e, ao aumentar a percentagem de fibras, a colocação e a compactação foram mais difíceis do que as do betão com PC, o que levou a que houvesse uma maior quantidade de vazios de ar nas misturas e a que a superfície de acabamento não fosse suficientemente lisa. As diferenças no modo de falha e na superfície de fratura do betão com e sem fibras são apresentadas nas figuras 4.13 e 4.14. Em conclusão, a inclusão de fibras de alcatifa na mistura de betão em todos os lotes proporciona uma resistência à tração por rutura mais satisfatória e altera o modo de rutura sob a força de tração por rutura em comparação com o betão simples.

Figura 4.12: Modo de rotura de um provete cilíndrico de betão simples sob força de tração de rutura.

Figura 4.13: Superfície de fratura do betão simples.

Figura 4.14: Modo de rotura do betão com fibras de alcatifa.

4.3.5 Resistência à flexão

O ensaio de resistência à flexão destina-se a determinar a resistência do betão à flexão. O betão é um material frágil que é fraco em termos de flexão, pelo que pode ser melhorado através da adição de materiais que tenham um bom desempenho durante a flexão. As fibras são um desses materiais que podem melhorar a resistência à flexão do betão. Quando um material é dobrado, apenas as fibras extremas sofrem a maior tensão, pelo que, se essas fibras não tiverem defeitos, a resistência à flexão será controlada pela resistência dessas "fibras" intactas. Os resultados obtidos a partir do programa experimental são tabulados e os gráficos mostram o comportamento do betão com e sem fibras de alcatifa, como a seguir se indica.

Tabela 4.7: Resistência à flexão de várias misturas de betão.

Type of concrete	1 day	7 days	28 days
PC	2.55	5.10	5.30
0.5% FRC	3.75	5.35	6.25
1.0% FRC	3.15	5.15	5.35
1.5% FRC	3.45	4.85	5.15
2.0% FRC	2.85	3.75	4.40

Tabela 4.8: Alterações na resistência à flexão do betão reforçado com fibras em comparação com o betão simples.

Type of concrete	Peak flexural strength at 28 days (MPa)	Flexural strength relative to PC (%)
PC	5.30	100
0.5% FRC	6.25	118.50
1.0% FRC	5.35	101.71
1.5% FRC	5.15	97.63
2.0% FRC	4.40	82.66

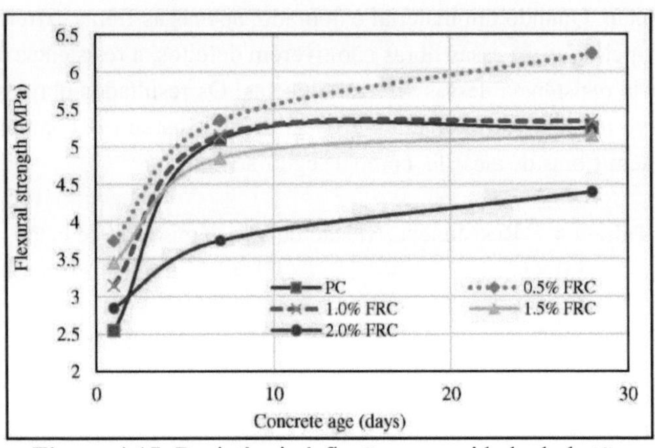

Figura 4.15: Resistência à flexão versus idade do betão

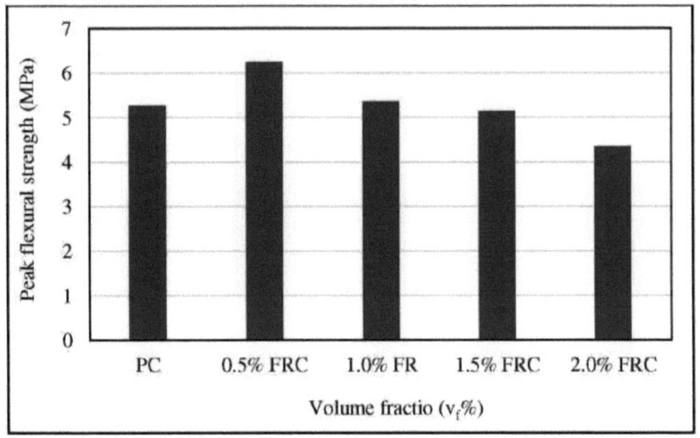

Figura 4.16: Resistência à flexão de pico versus tipo de betão

A partir da figura 4.15, pode ver-se que a combinação de fibras de alcatifa melhora a resistência à flexão do betão, mas até uma determinada percentagem de fibra. Este aumento da resistência à flexão do betão foi obtido com a adição de 0,5% de fibras de alcatifa até quase 19% em comparação com o PC. Com a adição de 1% de fibra, a resistência à flexão aumentou, mas esta alteração não foi significativa, uma vez que é apenas de cerca de 2%. Ao aumentar a fração de volume para 1,5% e 2%, este desempenho inverteu-se subitamente e a resistência à flexão desceu mesmo abaixo do PC para 2% de fibras.

Quando os espécimes de betão são sujeitos a uma carga de flexão, a distribuição das fibras de alcatifa na mistura de betão ajuda a redistribuir a tensão ao longo do comprimento das amostras. Ao aplicar a carga, os prismas de betão simples travavam e dividiam-se em duas partes sem absorver qualquer energia. A presença de fibras de alcatifa alterou esta fraqueza do betão. À medida que a carga aumenta, iniciam-se as primeiras fissuras e ocorre a rotura. No FRC de 0,5%, que é a resistência à flexão máxima obtida, ao aumentar a carga, iniciaram-se as fissuras e depois o betão falhou. O processo de rotura foi mais longo em comparação com o PC. Ao aumentar a fração volumétrica, observa-se que o tamanho das fissuras diminui, mesmo no caso do prisma com 2% de fibras, o tamanho das fissuras na rotura é muito pequeno e algumas delas não são visíveis a olho nu. O padrão de fissuras e o modo de rotura do betão com e sem fibras de alcatifa são apresentados nas figuras abaixo.

Nesta investigação, estudámos os efeitos das fibras de alcatifa na resistência à flexão e também a forma como o betão falha devido ao esforço de flexão e também as formas e padrões das fissuras. Como já foi referido, estas fibras seguram as partículas de betão por ação de ponte e evitam a falha súbita do betão ao aplicar cargas de flexão. Estes efeitos das fibras de alcatifa na resistência à flexão do betão foram estudados e verificados por muitos investigadores. Na investigação realizada por Wang, et al. (Wang, Wu, & Li, 2000) e João Marciano (João, 2009), verificou-se que a adição de uma determinada percentagem de fibras de alcatifa ajuda a melhorar a resistência à flexão do betão. Noutra investigação realizada por Wang (Wang, 1997), foi utilizada a mesma gama de fibras de alcatifa e foram encontrados os mesmos efeitos destas fibras na resistência à flexão do betão.

4.3.6 Velocidade do impulso ultrassónico

O ensaio UPV, que é um dos ensaios não destrutivos, inclui a medição da velocidade dos impulsos electrónicos que atravessam o betão a partir de um transdutor emissor e de um transdutor recetor. A velocidade do impulso pode ser obtida através da divisão do comprimento do percurso em que o impulso viajou pelo tempo que o impulso levou a viajar através do betão. O ensaio UPV foi realizado nos provetes cilíndricos com 30 dias de idade para verificar a uniformidade dos diferentes tipos de betão. Os resultados são apresentados na tabela 4.9 e na figura 4.17.

Tabela 4.9: Velocidade de impulso ultrassónico de diferentes misturas de betão

Type of concrete	UPV (m/s)	Reduction of UPV relative to PC (%)
PC	2840.9	0
0.5% FRC	2805.1	1.26
1.0% FRC	2739.7	3.56
1.5% FRC	2677.4	5.76
2.0% FRC	2607.6	8.21

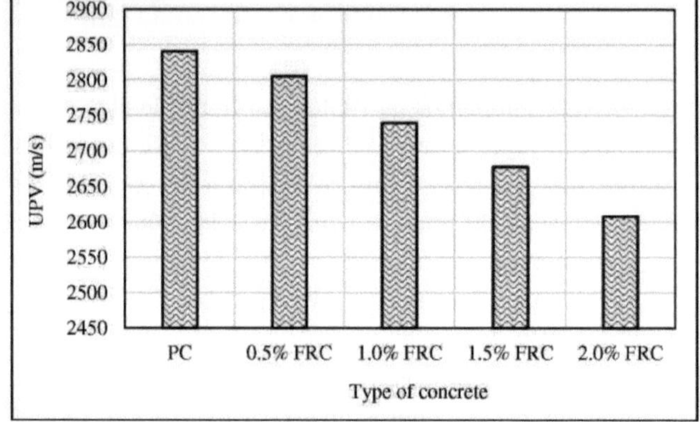

Figura 4.17: UPV vs tipos de betão aos 30 dias de idade

A medição das velocidades de impulso em pontos de uma grelha regular na superfície de uma estrutura de betão constitui um método fiável de avaliação da homogeneidade do betão. A dimensão da grelha escolhida dependerá da dimensão da estrutura e da quantidade de variabilidade encontrada. De acordo com os dados recolhidos no ensaio UPV, ao adicionar fibras de alcatifa à mistura de betão, o valor UPV foi inferior ao do betão simples e, ao aumentar a fração volumétrica de fibras, esta variação será maior. Por exemplo, com 2% de betão reforçado com fibras, o valor UPV é cerca de 8% inferior ao do betão simples. Isto pode dever-se aos vazios existentes na mistura, produzidos por uma mistura inadequada das partículas de betão com as fibras.

4.3.7 Módulo de elasticidade

O módulo de elasticidade estático do betão simples e do betão com fibras de alcatifa com diferentes percentagens volumétricas foi medido às idades de 7 e 28 dias. Os resultados obtidos neste estudo comprovaram visivelmente que o módulo de elasticidade do betão com fibras de alcatifa associado à sua resistência à compressão foi inferior ao do betão simples. Por exemplo, o módulo de elasticidade a 28 dias do betão simples com o valor de resistência à compressão equivalente de 46,50 MPa é de 29,30 GPa. Um valor ligeiramente inferior de 28,54 GPa foi encontrado para o betão com 0,5% de fibras de alcatifa com uma resistência à compressão aos 28 dias de 42,70 MPa. A redução do módulo de elasticidade do betão é observada com a adição de uma maior fração volumétrica de fibras de alcatifa. Por exemplo, o módulo de elasticidade do betão contendo 2% de fibras com o correspondente valor de resistência à compressão de 25,5 MPa aos 28 dias foi de 25,10 GPa, o que é significativamente inferior ao do betão simples. Isto é previsível, porque a relação entre a resistência à compressão e o módulo de elasticidade do betão indica que o módulo de elasticidade aumenta com um aumento da resistência à compressão do betão, embora não exista uma forma exacta da relação.

Os valores obtidos do módulo de elasticidade apresentados na Tabela 4 baseiam-se na expressão de Neville e Brooks, (Neville, 2010), (Abdul Awal & Hussin, 2009), em que E_c é o módulo de elasticidade e f_{cu} é a resistência à compressão do cubo de betão. O módulo de elasticidade esperado aos 28 dias segue a expressão recomendada pela BS 8110: Parte 2 (1983).

$$E_{c,28} = 20 + 0.2 f_{cu,28} \qquad [5]$$

Tabela 4.10: Módulo de elasticidade do betão simples e do betão com fibras de alcatifa com os correspondentes dados de resistência à compressão.

Types of Concrete	7 Days Compressive Strength (MPa)	7 Days Modulus of Elasticity (GPa)	28 Days Compressive Strength (MPa)	28 Days Modulus of Elasticity (GPa)
PC	38.2	27.64	46.5	29.30
0.5% FRC	34.1	26.82	42.7	28.54
1.0% FRC	28.7	25.74	29.1	25.82
1.5% FRC	29.3	25.86	30.7	26.16
2.0% FRC	21.7	24.34	25.5	25.10

4.3.8 Retração

Os valores medidos da retração durante um período de 28 dias, representados na Figura 4, mostram que a tensão de retração do betão com fibras de alcatifa foi superior à do betão simples. A magnitude da retração do betão simples neste estudo aos 28 dias, por exemplo, foi de 490,44 x 10^{-6}. Ao mesmo tempo, registou-se um valor de retração cerca de 9% superior, ou seja, 534,60x10^{-6}, para o betão com 0,5% de fibras de alcatifa e o valor da retração aumentou em função da fração volumétrica das fibras, mas em alguns casos os valores de retração foram inferiores aos do betão simples na idade inicial, como mostra a figura. O fenómeno adverso pode ser atribuído à maior porosidade nas misturas de betão, em comparação com o betão simples, devido à adição de uma grande quantidade de fibras de tapete e também à mistura inadequada e aos vazios produzidos pela segregação de agregados. Uma observação semelhante foi feita por Wang, et al. (Wang, Wu, & Li, 2000), que utilizaram fibras de alcatifa juntamente com outras fibras recicladas na mistura de betão e descobriram o mesmo.

Em conclusão, a adição de fibras de tapete à mistura de betão aumentou a retração, mas pode controlar a fissuração no betão, o que pode ser útil para reduzir o tamanho da fissura e também para reduzir a velocidade de aparecimento da fissura.

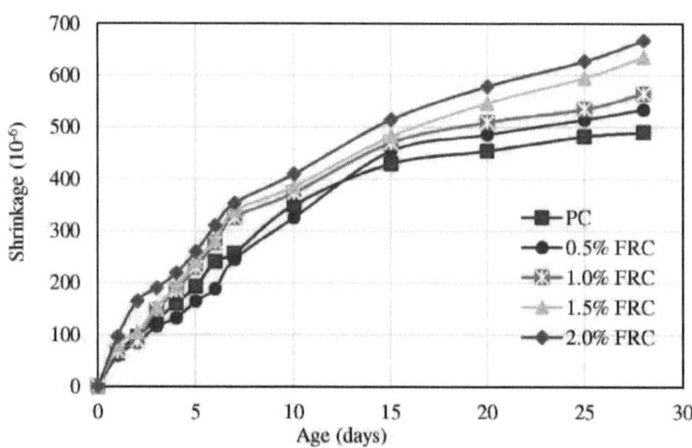

Figura 4.18: Retração do betão simples e do betão com fibra de alcatifa

4.3.9 Previsão da retração

Existem várias expressões disponíveis para a previsão do desenvolvimento da retração com o tempo. Entre elas, a equação desenvolvida pelo ACI 209R-92 (1994), é talvez a mais elaborada. Embora a equação possa ser utilizada para estimar a retração final de uma vasta gama de betões curados com humidade, a previsão da retração por esta equação está sujeita a uma variabilidade considerável. Uma melhoria na exatidão da previsão da retração é feita por Neville e Brooks (Neville, 2010), em que os valores de retração a longo prazo podem ser obtidos através da extrapolação dos ensaios de curto prazo com duração de 28 dias. A expressão seguinte é, assim, aplicada para prever a retração a um ano do betão simples e do betão com fibras de alcatifa:

$$S_h(t, \tau) = S_{h.28} + 100\,[3.61 \log_e(t - \tau) - 12.05]^{1/2} \qquad [6]$$

Onde

$S_h(t, \tau)$ = encolhimento a longo prazo (10^{-6}) na idade t após secagem de uma idade anterior τo,

$S_{h,28}$ = retração (10^{-6}) após 28 dias, e

$(t - \tau)$ = tempo desde o início da secagem (>28 dias)

Os valores de retração previstos para 1 ano são, por conseguinte, apresentados no quadro seguinte:

Tabela 4.11: Valores de retração previstos para 1 ano

Types of Concrete	28-days Shrinkage (10^{-6})	1-year Predicted shrinkage (10^{-6})
PC	490.4	789.8
0.5% FRC	534.6	833.9
1.0% FRC	565	864.3
1.5% FRC	635.2	934.5
2.0% FRC	667.3	966.7

CAPÍTULO 5

CONCLUSÕES E RECOMENDAÇÕES

5.1 Conclusões

As conclusões do programa experimental sobre as propriedades físicas e mecânicas do betão com e sem fibras de alcatifa, com base na finalidade e nos objectivos da investigação, bem como nas observações e na análise dos resultados, são as seguintes

1. A adição de fibras de alcatifa reduz a trabalhabilidade do betão. À medida que o teor de fibras aumenta, a trabalhabilidade do betão reduz-se drasticamente e o valor do abatimento é zero para um teor de fibras de 2%.

2. Uma vez que a densidade das fibras de alcatifa é comparativamente baixa, o seu efeito na densidade da mistura de betão é reduzido, pelo que o aumento da fração volumétrica de fibras diminuirá significativamente a densidade do betão.

3. A inclusão de fibras de alcatifa provoca a segregação das partículas de betão durante a mistura e a colocação, porque as partículas mais finas, como a areia e a pasta de cimento, aderem às fibras e reduzem a mistura uniforme das partículas de betão. Isto aumentará com a adição de uma maior percentagem de fibra de alcatifa.

4. A fibra de alcatifa reduz a resistência à compressão do betão, esta redução pode ser aceite dependendo da aplicação do betão, uma vez que é reduzida apenas cerca de 9% em comparação com o betão simples.

5. Em todos os casos, observa-se que as fibras de alcatifa aumentam a resistência à tração por rutura do betão, tendo a resistência à tração aumentado quase 30% para uma fração volumétrica de 1,5% de fibras em comparação com o betão simples.

6. A resistência à flexão do betão melhorou com a adição de fibras de alcatifa à mistura de betão. Foi observado um aumento de 18% para 0,5% de fibras de alcatifa em relação ao PC.

7. A inclusão de fibras de alcatifa afecta negativamente a uniformidade da mistura de betão, reduzindo assim o valor UPV.

8. O módulo de elasticidade do betão com fibras de alcatifa associado à sua resistência à compressão foi inferior ao do betão simples.

9. A tensão de retração do betão com fibras de alcatifa foi mais elevada do que a do betão simples.

10. As fibras de alcatifa melhoraram o modo de falha do betão e também ajudam a absorver a tensão de tração e a colmatar as lacunas após a fissuração para manter o betão integrado e evitar uma falha calamitosa.

11. As fibras de alcatifa reduziram significativamente o tamanho das fissuras e também atrasaram a falha do espécime quando este foi sujeito a tensão de flexão.
Com a adição de fibras de alcatifa, a colocação e compactação do betão é mais difícil do que a do betão simples e é pior com o aumento da fração volumétrica de fibras, uma vez que não utilizámos qualquer mistura.

12. A suavidade da superfície de acabamento dos espécimes de betão é reduzida com o aumento do teor de fibras de alcatifa.

13. Está provado que as fibras de alcatifa são benéficas para a melhoria da resistência à tração por rutura e também da resistência à flexão do betão. No entanto, é necessário realizar mais estudos para investigar a sua praticabilidade nas indústrias do betão e da construção.

Este estudo apresenta alguns resultados experimentais sobre as propriedades físicas e mecânicas do betão. Com base nos dados dos ensaios laboratoriais, observa-se que o betão contendo fibras de alcatifa tem potencial para ser utilizado como componente estrutural ou não estrutural, dependendo da aplicação do betão e também das propriedades necessárias.

É muito importante que a utilização de fibras residuais de baixo custo, como as fibras de alcatifa, para o betão armado possa conduzir a infra-estruturas melhoradas com maior fiabilidade e desempenho. Este tipo de betão pode ser amplamente utilizado em pavimentos de betão, na construção de aeroportos como pistas de aterragem e de circulação, em tabuleiros e barreiras de pontes e na construção de edifícios em diferentes componentes com base nas propriedades do betão.

5.2 Recomendações

Para garantir que as fibras de alcatifa têm potencial para serem utilizadas na prática na indústria do betão, é necessário realizar mais investigações. Existem algumas limitações neste estudo e as recomendações para estudos futuros são enumeradas a seguir:

1. A trabalhabilidade, a densidade, a resistência à compressão, a resistência à tração por fendilhação, a resistência à flexão e outras propriedades mecânicas do betão são apenas parte dos parâmetros utilizados para avaliar o desempenho do betão. Para garantir que as fibras de alcatifa são praticamente benéficas para o betão reforçado com fibras, é necessário estudar outras propriedades, como a permeabilidade, a resistência do betão, a resistência ao impacto e também os aspectos de durabilidade do betão reforçado com fibras.

2. É necessário estudar o efeito de vários tipos de fibras de alcatifa de diferentes empresas nas propriedades do betão.

3. A relação de aspeto e a fração volumétrica das fibras de alcatifa desempenham um papel muito importante na modificação das propriedades do betão, pelo que é necessário investigar uma vasta gama de fracções volumétricas de fibras com diferentes relações de aspeto.

4. Uma vez que as fibras de alcatifa reduzem significativamente a trabalhabilidade, é necessário utilizar aditivos químicos, tais como o superplactisante, para melhorar a trabalhabilidade e também facilitar a compactação e a colocação do betão de acordo com os requisitos.

5. Os resíduos de fibras de alcatifa das indústrias têm comprimentos diferentes, pelo que é necessário cortar as fibras no comprimento desejado. Esta foi uma das limitações da investigação que deve ser tida em conta em estudos futuros.

6. Um elemento estrutural de betão, como uma viga ou uma ligação viga-pilar, contendo fibras de alcatifa pode ser ensaiado para investigar o comportamento estrutural da incorporação de betão reforçado com fibras.

REFRÊNCIAS

Abdul Awal, A.S.M, & Hussin, M.W. (2009). Strength, Modulus of Elasticity and Shrinkage behaviour of POFA Concrete (Resistência, módulo de elasticidade e comportamento de retração do betão POFA). Malaysian Journal of Civil Engineering, 21(2), 125-134.

Instituto Americano do Betão. (2008). Prediction of Creep, Shrinkage, and Temperature Effects in Concrete Structures (Previsão dos efeitos da fluência, retração e temperatura em estruturas de betão) ACI 209 R-92. Estados Unidos: Instituto Americano do Betão.

ASTM International. (2007). Standard Practice for Making and Curing Concrete Test Specimens in the Laboratory ASTM C192/C192M. Estados Unidos: ASTM International.

ASTM International. (2008). Método de ensaio normalizado para a resistência do betão ao congelamento e descongelamento rápidos ASTM C666 / C666M. Estados Unidos: ASTM International.

ASTM International. (2011). Standard Test Method for Splitting Tensile Strength of Cylindrical Concrete Specimens ASTMC496/C496M (Método de ensaio normalizado para a resistência à tração por fendilhação de espécimes cilíndricos de betão). United States: American Society for Testing and Materials.

ASTM International. (2013). Métodos de teste padrão para densidade e gravidade específica (densidade relativa) de plásticos por deslocamento ASTM D792. Estados Unidos: ASTM International.

ASTM Internacional. (2008). Método de ensaio normalizado para a alteração do comprimento da argamassa de cimento hidráulico endurecido e do betão ASTM C157/C157M. Estados Unidos: ASTM International.

Bajaj, P. S. (1997). Reutilização de resíduos de polímeros e fibras. Gupta, V.B., Kothari, V.K. (eds.) Manufactured Fiber Technology, 615.

Instituição britânica de normalização. (1983). Ensaios de betão. Método para a determinação da resistência à flexão BS 1881-118. Londres: British Standard Institution.

Instituição britânica de normalização. (2011). CimentoComposição, especificações e critérios de conformidade para cimentos comuns BS EN 197-1. Londres: British Standard Institution.

British Standards Institution. (1983). Ensaios de betão. Método para a determinação da resistência à compressão de cubos de betão BS 1881-116. Londres: British Standard Institution.

British Standards Institution. (1983). Ensaios de betão. Método para a determinação da densidade do betão fresco compactado BS 1881-107. Londres: British Standard Institution.

British Standards Institution. (1983). Ensaio de betão. Método para fazer cubos de ensaio de betão fresco BS 1881-108. Londres: British Standards Institution.

British Standards Institution. (1983). Testing concreteMethod for making test cylinders from fresh concrete BS 1881-110. Londres: British Standards Institution.

British Standards Institution. (2009). Ensaio de betão fresco - Ensaio de abatimento BS EN 123502. Londres: British Standards Institution.

Gambir, M. (2004). Concrete technology (Terceira ed.). Nova Deli: Tata McGraw-Hill. Herlihy, J. (1997). Recycling in the Carpet Industry (Reciclagem na indústria de tapetes). Carpet and Rug Industry, 17-25. João, M. (2009). Efeito dos Resíduos Têxteis nas Propriedades Mecânicas do Betão Polímero. Materials Research, 12(1), 63-67.

Lave, L., Noellette, C., & James, H. (1998). Recycling Postconsumer Nylon Carpet a Case Study of the Economics and Engineering Issues Associated with Recycling Postconsumer Good. Journal of Industrial Ecology, 2(1), 117-126.

McCrum, N., Buckley, C., & Bucknall, C. (1992). Principles of polymer engineering. Oxford: Oxford Science Publications.

Meyer, C., Shimanovich, S., & Vilkner, G. (2002). Precast Concrete Wall Panels with Glass Concrete. Albany, NY: Relatório final para a Autoridade de Investigação e Desenvolvimento Energético do Estado de Nova Iorque, Relatório n.º 03-02.

Miraftab, M. (1999). Novas aplicações de resíduos de alcatifa pré e pós-consumo em betão. IMRI. Bolton, Reino Unido.

Neville, A. (2002). Propriedades do betão (quarta ed.). Londres: Pearson Education Limited.

Neville, A. (2010). Conncrete Technology. Londres: Pearso Education Limited.

TexWire. (2005). Recuperado de Wire and Cable products: http://www.texwire.us/index.html

Vilkner, G., & Meyer, C. (2002). Propriedades do betão de vidro contendo fibras de alcatifa recicladas. (pp. 1-10). Nova Iorque, EUA: Universidade da Colômbia.

Wang , Y. (2011). Utilização de fibras recicladas de resíduos de carpetes pós-consumo como reforço em compósitos cimentícios leves. Jornal Internacional de Ciência e Tecnologia do Vestuário, 23(4), 242-248.

Wang, Y. (1997). Reforço de betão com fibras recicladas de resíduos industriais de tapetes. Materiais em engenharia civil, 103-104.

Wang, Y. (1997). Propriedades do betão reforçado com fibras recicladas de resíduos de alcatifa. Wood head Publishing, Cambridge, Reino Unido, 179-186.

Wang, Y. (1998). Uma visão geral das actividades de reciclagem de resíduos de têxteis fibrosos e alcatifas. Textile Envir, (pp. 134-142). Bolton, Reino Unido.

Wang, Y. (2006). Utilização de fibras de resíduos de tapetes reciclados para reforço de betão e solo. Wood head Publishing.

Wang, Y., & Wu, H. (1999). Utilização de fibras recicladas de resíduos de tapetes para reforço de betão e solo. Materiais em Engenharia Civil, 38(3), 533546.

Wang, Y., Wu, H. C., & Li, V. (2000). Concrete Reinforcement with Recycled Fibers (Reforço de betão com fibras recicladas). Journal of Materials in Civil Engineering, 12(4), 314-319.

Williams, S. (1994). Programa de Reciclagem de Alcatifas. Apresentação em retroprojetor. Gonzales, FL.

Zhou, J., & Xiang, H. (2011). Investigação sobre as propriedades mecânicas do betão de fibra reciclada. Mecânica Aplicada e Materiais, 94-96, 1184-1187.

MIX
Papier aus verantwortungsvollen Quellen
Paper from responsible sources
FSC® C105338

Printed by Books on Demand GmbH, Norderstedt / Germany